ISBN-13: 978-1511662642

ISBN-10: 1511662646

Manual de
ENERGÍA SOLAR FOTOVOLTAICA
Usos, aplicaciones y diseño

Miguel D'Addario

Comunidad europea

2015

INDICE

INTRODUCCIÓN

Cada vez son más los países que optan por buscar fuentes de energías renovables, pero existe una que se ha destacado por encima de otras, ésta es la energía solar, la misma se conoce también con el nombre de energía fotovoltaica, (aunque también existe la energía solar térmica, que no trataremos en este libro). La energía solar fotovoltaica es un recurso que promete sustentar toda aquella energía producida de forma artificial, y puede desarrollarse en cualquier país del mundo siempre y cuando cuente con la tecnología adecuada para hacerlo, la energía solar puede ser utilizada mediante placas fotovoltaicas que están formadas por materiales de tipo semiconductores y son las encargadas de transformar los rayos del sol en electricidad. El componente principal de esta fuente de energía fotovoltaica es el silicio, un material que posee como característica fundamental una gran conductividad. La energía fotovoltaica se emplea principalmente en zonas rurales o aisladas, ya que allí no se disponen de sistemas de electricidad artificial y la única forma que estos pueblos tienen de abastecerse es mediante la utilización de esta energía. Pero la colocación de las placas o paneles fotovoltaicos requieren de una gran mano de obra ya que no sólo basta con instalar las placas, sino también se necesita un sistema de acumulación debido a que los consumos que se dan en estas viviendas no coinciden con los momentos en donde hay sol. La principal característica de la energía fotovoltaica reside justamente en su proceso de acumulación, y es a la vez lo que la diferencia de la energía eléctrica convencional. La ventaja que poseen estos sistemas se relacionan con la capacidad de almacenamiento que tienen, ya que al utilizar a los rayos del sol como fuente de energía, los paneles son capaces de acumularlos y luego repartirlos en horas en donde no haya Sol. La energía eléctrica artificial, en cambio, funciona todo el tiempo pero si por algún problema la misma se corta, no tenemos un sistema de acumulación que nos permita seguir utilizándola. La energía fotovoltaica sigue en períodos de desarrollo, debido a que actualmente no existen fábricas que elaboren paneles solares en cadena, además aunque los paneles fotovoltaicos estén confeccionados para colaborar con la reconstrucción del medio ambiente, para su confección se utilizan, paradójicamente, fuentes de energía no renovables y eso ocasiona un gran impacto ambiental.

Según datos registrados por las últimas investigaciones, el incremento de la producción de energía fotovoltaica derramada en paneles solares hizo que se pongan en peligro las reservas de silicio, el cual también tiene gran utilidad en la industria microelectrónica. La escasez silicio que encontramos hoy en día puede llegar a afectar a miles de ramas de la industria es por esto que los expertos están buscando materiales alternativos para poder seguir produciendo energía fotovoltaica a través de paneles solares.

La energía fotovoltaica nos brinda numerosas ventajas, entre ellas, los paneles fotovoltaicos son limpios, silenciosos y no dañan el medio ambiente, además nos ahorran mucha energía algo que notaremos a fin de mes. Aunque es verdad que instalar un panel de este estilo requiere una obra, su construcción es bastante rápida y a su vez requieren de un mantenimiento mínimo brindándonos a cambio un largo período de vida útil. Por último como ventaja principal, es el único sistema que puede ofrecernos un suministro de energía continuo ya que podemos utilizarlo haya sol o no.

Si tenemos que nombrar desventajas de estos sistema no encontramos demasiadas, lo que podemos señalar es que el costo de compra es elevado debido a que este sistema de energía fotovoltaica no se encuentra masificado. Posee ciertas limitaciones con respecto al consumo ya que no puede utilizarse más energía de la acumulada en períodos en donde no haya sol; por último uno de los mayores problemas para la gente que está pendiente de la estética de su casa es la imagen que estos paneles dan; no son necesariamente agradables a la vista debido a sus grandes dimensiones lo que producen un impacto estético-visual.

El editor

GLOSARIO DE TÉRMINOS

Radiación solar:
Energía procedente del Sol en forma de ondas electromagnéticas.

Irradiancia:
Densidad de potencia incidente en una superficie o la energía incidente en una superficie por unidad de tiempo y unidad de superficie. Se mide en kW/m2.

Irradiación:
Energía incidente en una superficie por unidad de superficie y a lo largo de un cierto período de tiempo. Se mide en kWh/m2.

Célula solar o fotovoltaica:
Dispositivo que transforma la energía solar en energía eléctrica.

Célula de tecnología equivalente (CTE):
Célula solar cuya tecnología de fabricación y encapsulado es idéntica a la de los módulos fotovoltaicos que forman el generador fotovoltaico.

Módulo fotovoltaico:
Conjunto de células solares interconectadas entre sí y encapsuladas entre materiales que las protegen de los efectos de la intemperie.

Rama fotovoltaica:

Subconjunto de módulos fotovoltaicos interconectados, en serie o en asociaciones serie-paralelo, con voltaje igual a la tensión nominal del generador.

Generador fotovoltaico:

Asociación en paralelo de ramas fotovoltaicas.

Condiciones Estándar de Medida (CEM):

Condiciones de irradiancia y temperatura en la célula solar, utilizadas como referencia para caracterizar células, módulos y generadores fotovoltaicos definidos del modo siguiente:

– Irradiancia (GSTC): 1000 W/m2

– Distribución espectral: AM 1,5 G

– Incidencia normal

– Temperatura de célula: 25 °C

Potencia máxima del generador (potencia pico):

Potencia máxima que puede entregar el módulo en las CEM.

Acumuladores de plomo-ácido

Acumulador:

Asociación eléctrica de baterías.

Batería:

Fuente de tensión continua formada por un conjunto de vasos electroquímicos interconectados.

Autodescarga:

Pérdida de carga de la batería cuando ésta permanece en circuito abierto. Habitualmente se expresa como porcentaje de la capacidad nominal, medida durante un mes, y a una temperatura de 20 °C.

Capacidad nominal: C20 (Ah):
Cantidad de carga que es posible extraer de una batería en 20 horas, medida a una temperatura de 20 °C, hasta que la tensión entre sus terminales llegue a 1,8 V/vaso. Para otros regímenes de descarga se pueden usar las siguientes relaciones empíricas: $C100/C20 \cdot 1,25$, $C40/C20 \cdot 1,14$, $C20/C10 \cdot 1,17$.

Capacidad útil:
Capacidad disponible o utilizable de la batería. Se define como el producto de la capacidad nominal y la profundidad máxima de descarga permitida, PD_{max}.

Estado de carga:
Cociente entre la capacidad residual de una batería, en general parcialmente descargada, y su capacidad nominal.

Profundidad de descarga (PD):
Cociente entre la carga extraída de una batería y su capacidad nominal. Se expresa habitualmente en %.

Régimen de carga (o descarga):
Parámetro que relaciona la capacidad nominal de la batería y el valor de la corriente a la cual se realiza la carga (o la descarga). Se expresa normalmente en horas, y se representa como un

subíndice en el símbolo de la capacidad y de la corriente a la cual se realiza la carga (o la descarga). Por ejemplo, si una batería de 100 Ah se descarga en 20 horas a una corriente de 5 A, se dice que el régimen de descarga es 20 horas ($C20= 100$ Ah) y la corriente se expresa como $I20= 5$ A.

Vaso:
Elemento o celda electroquímica básica que forma parte de la batería, y cuya tensión nominal es aproximadamente 2 V.

Reguladores de carga

Regulador de carga:
Dispositivo encargado de proteger a la batería frente a sobrecargas y sobredescargas. El regulador podrá no incluir alguna de estas funciones si existe otro componente del sistema encargado de realizarlas.

Voltaje de desconexión de las cargas de consumo:
Voltaje de la batería por debajo del cual se interrumpe el suministro de electricidad a las cargas de consumo.

Voltaje final de carga:
Voltaje de la batería por encima del cual se interrumpe la conexión entre el generador fotovoltaico y la batería, o reduce gradualmente la corriente media entregada por el generador fotovoltaico.

Inversores

Inversor:

Convertidor de corriente continua en corriente alterna.

VRMS:

Valor eficaz de la tensión alterna de salida.

Potencia nominal (VA):

Potencia especificada por el fabricante, y que el inversor es capaz de entregar de forma continua.

Capacidad de sobrecarga:

Capacidad del inversor para entregar mayor potencia que la nominal durante ciertos intervalos de tiempo.

Rendimiento del inversor:

Relación entre la potencia de salida y la potencia de entrada del inversor. Depende de la potencia y de la temperatura de operación.

Factor de potencia:

Cociente entre la potencia activa (W) y la potencia aparente (VA) a la salida del inversor.

Distorsión armónica total: THD (%):

Parámetro utilizado para indicar el contenido armónico de la onda de tensión de salida.

Se define como:

$$THD\ (\%) = 100\ \frac{\sqrt{\sum_{n=2}^{n=\infty} V_n^2}}{V_1}$$

Donde V_1 es el armónico fundamental y V_n el armónico enésimo.

Cargas de consumo

Lámpara fluorescente de corriente continua:
Conjunto formado por un balastro y un tubo fluorescente.

Instalación

Instalaciones fotovoltaicas:
Aquellas que disponen de módulos fotovoltaicos para la conversión directa de la radiación solar en energía eléctrica sin ningún paso intermedio.

Instalaciones fotovoltaicas interconectadas:
Aquellas que normalmente trabajan en paralelo con la empresa distribuidora.

Línea y punto de conexión y medida:
La línea de conexión es la línea eléctrica mediante la cual se conectan las instalaciones fotovoltaicas con un punto de red de la empresa distribuidora o con la acometida del usuario, denominado punto de conexión y medida.
Interruptor automático de la interconexión:

Dispositivo de corte automático sobre el cual actúan las protecciones de interconexión.

Interruptor general:
Dispositivo de seguridad y maniobra que permite separar la instalación fotovoltaica de la red de la empresa distribuidora.

Generador fotovoltaico:
Asociación en paralelo de ramas fotovoltaicas.

Rama fotovoltaica:
Subconjunto de módulos interconectados en serie o en asociaciones serie-paralelo, con voltaje igual a la tensión nominal del generador.

Potencia nominal del generador:
Suma de las potencias máximas de los módulos fotovoltaicos.

Potencia de la instalación fotovoltaica o potencia nominal:
Suma de la potencia nominal de los inversores (la especificada por el fabricante) que intervienen en las tres fases de la instalación en condiciones nominales de funcionamiento.

<u>Módulos</u>

Célula solar o fotovoltaica:
Dispositivo que transforma la radiación solar en energía eléctrica.

Célula de tecnología equivalente (CTE):

Célula solar encapsulada de forma independiente, cuya tecnología de fabricación y encapsulado es idéntica a la de los módulos fotovoltaicos que forman la instalación.

Módulo o panel fotovoltaico:
Conjunto de células solares directamente interconectadas y encapsuladas como único bloque, entre materiales que las protegen de los efectos de la intemperie.

Condiciones Estándar de Medida (CEM):
Condiciones de irradiancia y temperatura en la célula solar, utilizadas universalmente para caracterizar células, módulos y generadores solares y definidas del modo siguiente:
– Irradiancia solar: 1000 W/m2
– Distribución espectral: AM 1,5 G
– Temperatura de célula: 25 °C

Potencia pico:
Potencia máxima del panel fotovoltaico en CEM.

TONC:
Temperatura de operación nominal de la célula, definida como la temperatura que alcanzan las células solares cuando se somete al módulo a una irradiancia de 800 W/m2 con distribución espectral AM 1,5 G, la temperatura ambiente es de 20 °C y la velocidad del viento, de 1 m/s.

Integración arquitectónica
Según los casos, se aplicarán las denominaciones siguientes:

Integración arquitectónica de módulos fotovoltaicos:

Cuando los módulos fotovoltaicos cumplen una doble función, energética y arquitectónica (revestimiento, cerramiento o sombreado) y, además, sustituyen a elementos constructivos convencionales.

Revestimiento:

Cuando los módulos fotovoltaicos constituyen parte de la envolvente de una construcción arquitectónica.

Cerramiento:

Cuando los módulos constituyen el tejado o la fachada de la construcción arquitectónica, debiendo garantizar la debida estanquidad y aislamiento térmico.

Elementos de sombreado:

Cuando los módulos fotovoltaicos protegen a la construcción arquitectónica de la sobrecarga térmica causada por los rayos solares, proporcionando sombras en el tejado o en la fachada del mismo. La colocación de módulos fotovoltaicos paralelos a la envolvente del edificio sin la doble funcionalidad, se denominará superposición y no se considerará integración arquitectónica. No se aceptarán, dentro del concepto de superposición, módulos horizontales.

Ángulo de inclinación β:

Ángulo que forma la superficie de los módulos con el plano horizontal (figura 1). Su valor es 0° para módulos horizontales y 90° para verticales.

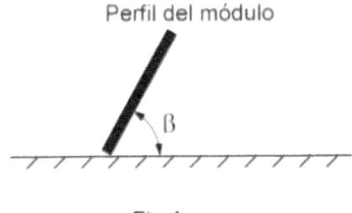

Fig. 1

Ángulo de azimut α:

Ángulo entre la proyección sobre el plano horizontal de la normal a la superficie del módulo y el meridiano del lugar (figura 2). Valores típicos son 0° para módulos orientados al sur, -90° para módulos orientados al este y +90° para módulos orientados al oeste.

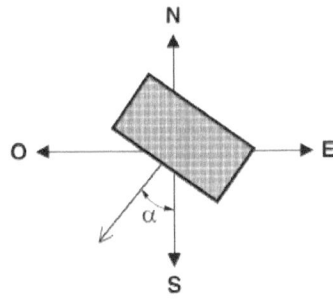

Fig. 2

Gdm(0):

Valor medio mensual o anual de la irradiación diaria sobre superficie horizontal en kWh /(m²·día).

G_{dm} *($α_{opt}$, $β_{opt}$):*

Valor medio mensual o anual de la irradiación diaria sobre el plano del generador orientado de forma óptima (α_{opt}, β_{opt}). en kWh/(m2Adía). Se considera orientación óptima aquella que hace que la energía colectada sea máxima en un período.

G_{dm} (α,β):

Valor medio mensual de la irradiación diaria sobre el plano del generador en kWh / (m^2·día) y en el que se hayan descontado las pérdidas por sombreado.

Factor de irradiación (FI):

Porcentaje de radiación incidente para un generador de orientación e inclinación (α,β) respecto a la correspondiente para una orientación e inclinación óptimas ($\alpha=0°$, β_{opt}). Las pérdidas de radiación respecto a la orientación e inclinación óptimas vienen dadas por $(1 - FI)$.

Factor de sombreado (FS):

Porcentaje de radiación incidente sobre el generador respecto al caso de ausencia total de sombras. Las pérdidas por sombreado vienen dadas por $(1 - FS)$.

Rendimiento energético de la instalación o "performance ratio", PR:

Eficiencia de la instalación en condiciones reales de trabajo para el período de diseño, de acuerdo con la ecuación:

$$PR = \frac{E_D \, G_{CEM}}{G_{dm}(\alpha,\beta) \, P_{mp}}$$

$G_{CEM} = 1$ kW/m^2

P_{mp}: Potencia pico del generador (kWp)

E_D: Consumo expresado en kWh/día.

Este factor considera las pérdidas en la eficiencia energética debido a:

–La temperatura.

–El cableado.

–Las pérdidas por dispersión de parámetros y suciedad.

–Las pérdidas por errores en el seguimiento del punto de máxima potencia.

–La eficiencia energética, $\acute{\eta}_{rb}$, de otros elementos en operación como el regulador, batería, etc.

–La eficiencia energética del inversor, $\acute{\eta}_{inv}$.

–Otros.

Valores típicos son, en sistemas con inversor, PR=0,7 y, con inversor y batería, PR = 0,6. A efectos de cálculo y por simplicidad, se utilizarán en sistemas con inversor PR = 0,7 y con inversor y batería PR = 0,6. Si se utilizase otro valor de PR, deberá justificarse el valor elegido desglosando los diferentes factores de pérdidas utilizados para su estimación. En caso de acoplo directo de cargas al generador (por ejemplo, una bomba), se hará un cálculo justificativo de las pérdidas por desacoplo del punto de máxima potencia.

RADIACIÓN SOLAR

La energía del Sol

El Sol es una de las innumerables estrellas que hay en nuestra galaxia, se encuentra a unos 150 millones de kilómetros de la Tierra. Por su tamaño, es una estrella de tipo medio; tiene un diámetro de aproximadamente 1.400.000 km y su masa es equivalente a 300.000 veces la masa de la tierra, tiene una rotación de 27 días en su zona ecuatorial y de 31 en los polos. Se calcula que se formó hace unos 5.000 millones de años y que al menos le queda una vida de otros 4.500 años. El origen de la energía que el Sol produce e irradia está en las reacciones nucleares que se realizan de forma ininterrumpida en su interior formando un gigantesco horno nuclear. Los átomos de hidrógeno, que es el elemento más abundante de su masa, se combinan entre sí formando átomos de helio, en este proceso, una pequeña parte de la masa se convierte en energía, $E = mc2$ (La energía es igual al producto de la masa por la velocidad al cuadrado). Esta energía fluye desde el interior del astro a su superficie, llamada fotosfera y de ahí es irradiada al espacio en todas direcciones. La mayor parte de la energía irradiada por el Sol, se hace en forma de ondas electromagnéticas (fotones) de diferentes frecuencias, las cuales se desplazan por el espacio a la velocidad de la luz, 300.000 km/s, tardando aproximadamente unos 8 minutos en recorrer su distancia a la Tierra. El Sol irradia al espacio cada segundo una energía de aproximadamente 4x1026 julios, lo que significa que genera una potencia de 4x1023 kw equivalente a unos 200 billones de veces más de energía que la producida anualmente en el mundo. (1 julio es la energía que produce una potencia de 1 vatio en un segundo). De los datos obtenidos mediante las mediciones, analizando la radiación emitida y aplicando las leyes de la Física, se deduce que la temperatura efectiva de la superficie del Sol es de 5777 Kelvin, (k= ° C+273) Los fotones emitidos por el Sol en forma de ondas electromagnéticas, lo hacen con diversas longitudes de onda que están comprendidas entre 0,3mm y 5mm (1mm = 10-6 m), dividiéndose su espectro en; ultravioleta (l<0,4mm), luz visible, entre 0,4mm y 0,76mm e infrarrojo (l>0,76mm). La energía total del espectro electromagnético se distribuye en las siguientes proporciones: 43% como radiación visible, 49% como infrarrojo, 7% como ultravioleta y 1% entre rayos X, Gamma y ondas de radio.

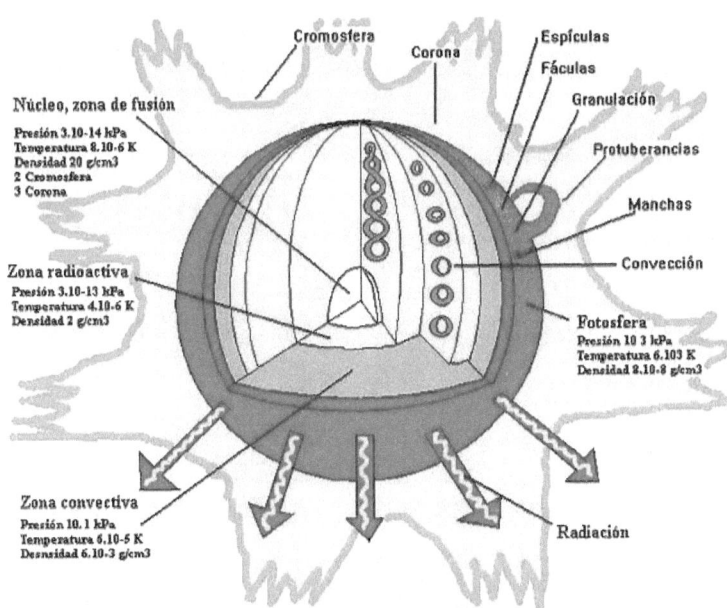

La Constante Solar

La energía radiante procedente del Sol al expandirse de forma circular, se reparte en una superficie esférica, cuyo centro es el foco emisor (el Sol) y cuyo radio crece a la misma velocidad que la propia radiación. Así pues la energía solar se distribuye en un área cada vez mayor, siendo su intensidad más débil cuanto mayor sea la distancia al Sol.

El valor aproximado de esta intensidad a la distancia a la que se encuentra la Tierra del Sol, será:

$$I = P/S$$

Siendo, $P = 4 \times 10^{23}$ kW y S la superficie de una esfera cuyo radio "r" es igual a la distancia entre el Sol y la Tierra; $r = 1.496 \times 10^{8}$ km.

Por tanto: $I = (4 \times 10^{23})/[4\pi(1.496 \times 10^{8})^{2}] = 1,4$ kW/m^2

Este valor coincide aproximadamente con los valores medidos mediante satélites en el espacio justamente por encima de la atmósfera. Con más precisión el valor medio tomado por la Organización Meteorológica Mundial [WMO, 1981] como Constante solar es de 1367 W/m².

En realidad la Constante Solar no es un valor exactamente fijo, ya que sufre ligeras variaciones debido a que por la excentricidad de la órbita terrestre, la distancia entre la Tierra y el Sol varia aproximadamente 1,7% al año.

Constante solar

▸ La radiación solar llega a la atmósfera de la Tierra

▸ con una intensidad de 1,350 W/m2

▸ Se presenta en tres niveles de energía:
  • Ultravioleta
  • Visible
  • Infrarrojo

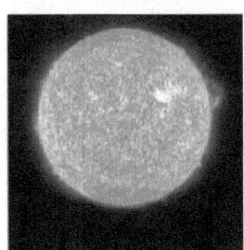

Una expresión que nos permite calcular la Constante Solar para cada día del año es:

$$\varepsilon = 1367 \times [1 + 0{,}033 \cos(0{,}973 \, J_d)]$$

Siendo Jd el día Juliano que se corresponde con el número secuencial del día del año, considerando Jd=1 para el 1 de enero y Jd=365 para el 31 de diciembre.

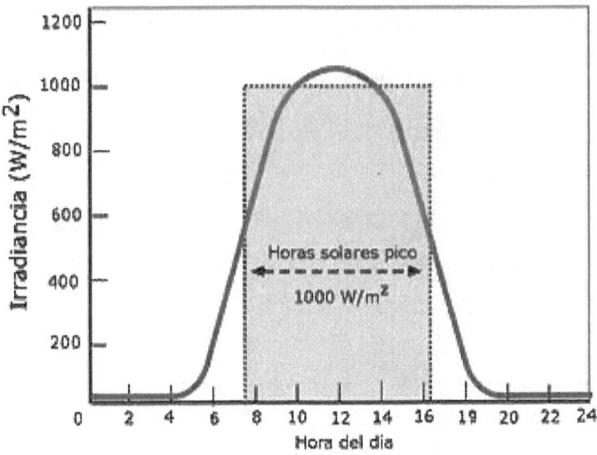

Efectos de la atmósfera

29

No toda la radiación solar llega hasta la superficie de la Tierra, debido a que la capa atmosférica supone un obstáculo a causa de diversos efectos como son la reflexión en las nubes y la absorción parcial por las diferentes moléculas que componen el aire atmosférico. De este modo se considera que la intensidad media que llega a la superficie de la Tierra en un día despejado es de unos

1100 W/m2, si bien es difícil hacer mediciones superiores a los 1000 W/m2.

La radiación que se recibe en la superficie de la Tierra procedente directamente del Sol, se le denomina *"radiación directa"*.

A pesar de que la radiación solar viaja con una trayectoria rectilínea, al llegar los fotones a las capas de la atmósfera, chocan con las moléculas que la componen y con el polvo en suspensión, sufriendo dispersiones y difusiones, produciéndose cambios bruscos de dirección. Aunque finalmente esta radiación llega a la superficie de la tierra, al haber cambiado varias veces de dirección, llega como si procediese de toda la bóveda celeste. Esta radiación se la conoce como *"radiación difusa"*. La radiación difusa hace que los cuerpos siempre estén recibiendo una cierta cantidad de energía por toda su superficie incluso por las partes que no reciben la luz solar directamente.

Se denomina *"radiación global"*, a la radiación solar hemisférica recibida en un plano horizontal y que es la suma de la radiación directa más la radiación difusa + el albedo.

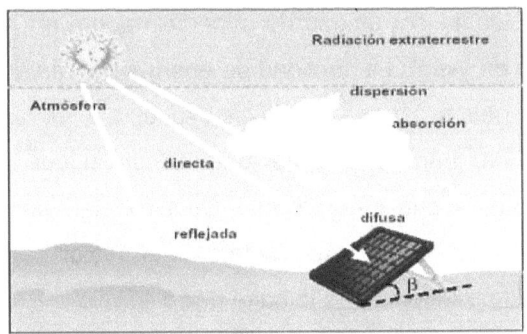

En días despejados, la radiación directa es mucho mayor que la difusa siendo esta última la única posible en días cubiertos. La radiación difusa se estima en aproximadamente una tercera parte de la radiación total que se recibe en un año.

También hay que tener en cuenta que aproximadamente el 40% de la radiación que alcanza la superficie de la Tierra lo hace con longitudes de onda no visibles al ojo humano sino como radiación infrarroja y ultravioleta. El vapor de agua, absorbe fundamentalmente los infrarrojos. A partir de 2,3mm la transmisión de la atmósfera a la radiación solar es prácticamente nula debido a la absorción por parte del agua y el anhídrido carbónico, siendo el ozono el responsable de la absorción de parte de los ultravioletas, prácticamente todas las longitudes de onda inferiores a 0,35mm son absorbidas por el ozono.

Irradiación solar

Se denomina irradiación solar a la energía incidente por unidad de superficie sobre un plano dado durante un intervalo de tiempo determinado, generalmente una hora o un día. Se expresa en MJ/m2 o kWh/m². Se denomina irradiancia solar, a la potencia radiante incidente por unidad de superficie sobre un plano dado. Se expresa en W/m². La cantidad de energía por radiación directa que puede interceptar una superficie expuesta a los rayos solares dependerá en gran medida del ángulo con el que incidan los rayos sobre dicha superficie. Cuando la superficie es perpendicular a los rayos solares, el valor es máximo, disminuyendo a medida que lo hace dicho ángulo.

La energía que recibe una superficie inclinada es directamente proporcional a la recibida por la misma superficie horizontal y por el coseno del ángulo de inclinación.

$$\varepsilon = \varepsilon h \cdot \cos \alpha$$

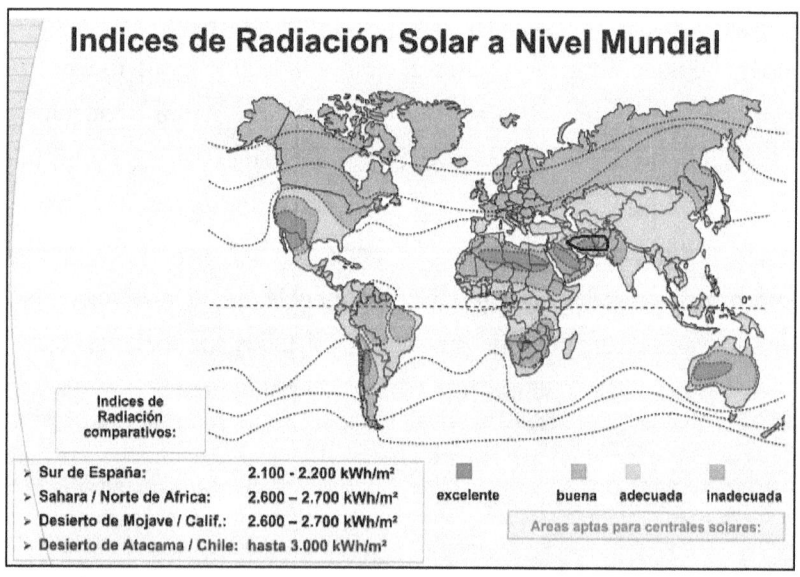

Genéricamente, los instrumentos usados para la medición de la radiación solar, se denominan radiómetros solares, de ellos los más utilizados son los llamados piranómetros. Todos ellos disponen de sensores que convierten la energía radiante recibida en una señal eléctrica registrable.

Piranómetro

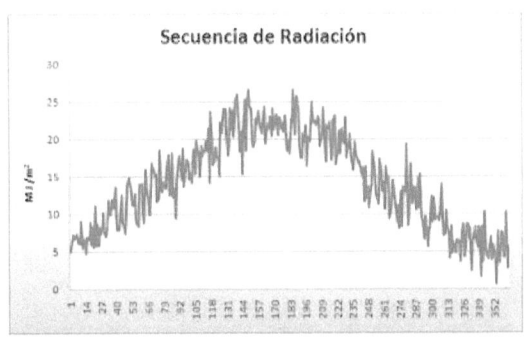

En España, existen bases de datos de radiación solar tanto del sector privado (CENSOLAR) como de organismos oficiales, tales como las redes de estaciones agroclimáticas dependientes de las Comunidades Autónomas o la Red Radiométrica Nacional dependiente del Instituto Nacional de Meteorología (INM) que dispone de la base de datos más extensa y de mayor calidad.

Geometría solar

Los movimientos de la Tierra respecto del Sol y sobre sí misma, definen las posiciones del Sol respecto de un hipotético observador que se encontrase inmóvil sobre una superficie horizontal.

Los movimientos de la tierra respecto al Sol son dos principales, Traslación y Rotación y dos secundarios, Precesión y Nutación Movimiento de Traslación. La Tierra gira alrededor del Sol describiendo una órbita elíptica cuyo perímetro es de 930 millones de kilómetros con una distancia promedio de 150.000.000 km denominada Unidad Astronómica (u.A.).

La velocidad de desplazamiento es de 106.000 km/h o 29,5 km/seg tardando en completar la órbita 365 días 5 horas 48 minutos y 46 segundos, siendo este tiempo el utilizado para realizar el calendario.

El hecho de que la órbita sea elíptica origina que haya un punto de la misma en que la tierra esté más alejada del Sol, este punto se denomina afelio y viene a producirse sobre el 4 de Julio, siendo la distancia de la Tierra al Sol en ese punto de unos 151.800.000 km. Por el contrario el punto de mayor aproximación al Sol se produce sobre el 4 Enero siendo su distancia de 1472.700.000 km. La situación de la Tierra en el afelio y en el perihelio, se corresponde con los solsticios de verano e invierno.

Movimiento de Rotación

La tierra gira sobre su eje con un periodo aproximado de un día. El eje de rotación, forma un ángulo de 23° 27′ respecto al plano de traslación. Esta circunstancia es la que da lugar a que el día y la noche tengan duración distinta en lugares diferentes de la Tierra y en distintas épocas del año, dando origen también a las estaciones del año.

Movimiento de Precesión

Debido a que la Tierra no es completamente redonda puesto que el diámetro del eje polar es menor que el del eje ecuatorial se produce el movimiento de precesión influenciado por la fuerza de atracción del Sol y la Luna y que consiste en el cambio de la dirección del eje de la Tierra respecto a la cúpula celeste similar al movimiento que realiza una peonza antes de caer retrasando los equinoccios. Este movimiento se completa cada 25.767años y tiene consecuencias climáticas.

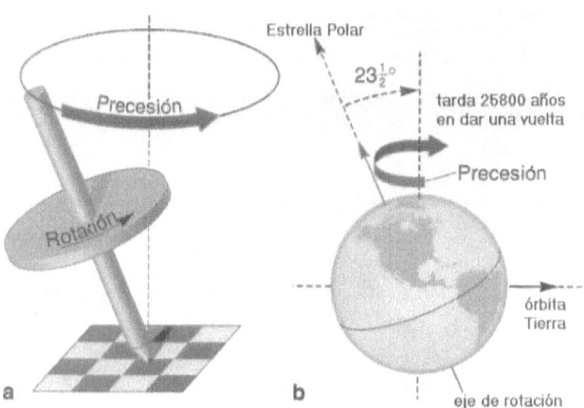

Como consecuencia de los movimientos relativos de la Tierra y el Sol, en un determinado lugar de la Tierra, el Sol aparece en el horizonte (orto), asciende en la bóveda celeste hasta una altura máxima y desciende hasta llegar de nuevo al horizonte (ocaso). Esto ocurre todos los días del año con trayectorias diferentes.

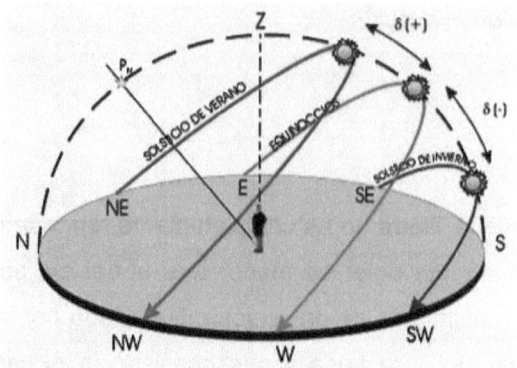

Para definir con precisión la posición del Sol respecto a un punto determinado de la Tierra en cada instante, se utilizan dos coordenadas, denominadas altura solar (a) y azimut solar (y). Se define como altura solar al ángulo formado por los rayos solares con el plano horizontal tangente a la superficie de la Tierra.

Se define como ángulo azimutal o azimut, al ángulo de giro del Sol medido sobre el plano horizontal mediante la proyección del rayo sobre dicho plano y tomando como referencia el Sur (para el hemisferio norte).

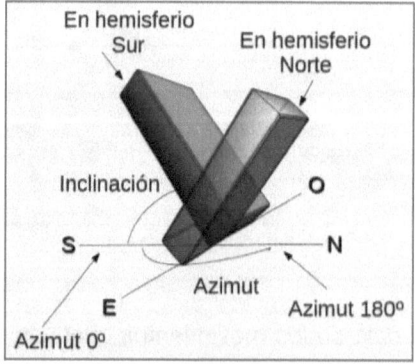

La altura máxima del sol se puede calcular fácilmente:

Equinoccios: 90° - latitud

Solsticios: (90° - latitud) + - 23° 27'

Resto de días: (90° - latitud) + - declinación solar

Se denomina declinación solar (δ), al ángulo que forma el plano ecuatorial terrestre con el plano de la eclíptica, puede obtenerse mediante la siguiente aproximación:

$$\delta\,(°)= 23,45\,\text{sen}[(360/365)\,(Jd+284)]$$

Aprovechamiento de la energía solar

La energía solar es la principal fuente de vida del planeta, dirige los ciclos biofísicos y químicos que mantienen la vida. El Sol nos suministra alimentos mediante la fotosíntesis, induciendo el crecimiento de las plantas, es el origen del clima, provoca el movimiento del viento y del agua.

La energía solar es el origen de la mayoría de fuentes de energía renovables, tanto de la eólica, hidroeléctrica, biomasa, corrientes marinas, movimiento de las olas y la energía solar propiamente dicha.

La energía solar se puede aprovechar de forma "pasiva", es decir sin necesidad de utilizar ningún aparato o dispositivo, tal es el caso de las plantas en el proceso de la fotosíntesis, mediante un adecuado diseño y orientación de los edificios se puede conseguir reducir significativamente la necesidad de climatizar estos así como disponer de iluminación suficiente durante las horas del día. También se puede aprovechar de forma "activa", captando la energía térmica producida por el Sol para calentar agua u otros fluidos que nos proporcionen agua caliente sanitaria, calefacción, procesos industriales, generación de electricidad mediante centrales de torre etc. Mediante células fotovoltaicas, la radiación solar se transforma directamente en electricidad, aprovechando las propiedades de los materiales semiconductores.

El Sol es una fuente de energía abundante e inmediatamente disponible. Un sistema fotovoltaico, más familiarmente conocido como paneles solares, captura la energía solar y la convierte en electricidad aprovechable. De hecho, los sistemas fotovoltaicos son ya una parte importante de nuestras vidas.

Sistemas fotovoltaicos simples alimentan muchos artículos de bajo consumo, como calculadoras y relojes de pulsera. Sistemas más sofisticados alimentan satélites de comunicaciones y bombas de agua, y también aparatos eléctricos y luces en casas y lugares de trabajo. Los sistemas FV (fotovoltaicos) son una fuente de energía renovable que puede instalarse fácilmente, incluso en casas ya construidas.

LOS SISTEMAS FOTOVOLTAICOS (FV)

Estos sistemas convierten la luz solar directamente en electricidad, mediante el uso de lo que es conocido como "células solares". Una célula solar está hecha de material semiconductor dispuesto en dos capas: P y N (ver figura 2). Cuando la radiación del sol incide en la célula fotovoltaica en forma de luz solar, la línea de separación entre P y N actúa como un diodo. Los fotones con suficiente energía que inciden en la célula provocan que los electrones pasen de la capa P a la capa N. Un exceso de electrones se acumula en el lado N mientras que en el lado P se produce un déficit. La diferencia entre la cantidad de electrones es la diferencia de potencial o voltaje, que puede ser usado como una fuente de energía. Con tal de que la luz siga incidiendo en el panel, la diferencia de potencial se mantiene, incluso en días nublados, debido a la radiación difusa de luz.

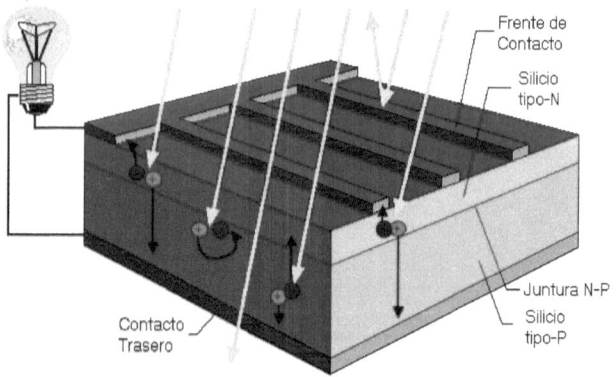

Vista general esquemática del proceso en una célula fotovoltaica

La cantidad de energía eléctrica que un sistema fotovoltaico produce depende principalmente de dos factores:

• La cantidad de luz solar incidente;

• La eficiencia del sistema fotovoltaico para convertir esa luz en electricidad.

El rendimiento de un panel está especificado conforme a normas (principalmente la IEC 61215). Las condiciones de ensayo son para una potencia luminosa de 1 KW/m2, y una temperatura de la célula de 25 0C. La eficiencia de una placa fotovoltaica de silicio cristalino disminuye un 0,5 % por cada grado Celsius por encima de la temperatura estándar de 25 0C. Se requiere una ventilación adecuada en la parte trasera de los módulos. A la hora de determinar el emplazamiento de los módulos, la exposición al viento u otras corrientes de refrigeración es una consideración importante. Los especialistas en el campo de la energía fotovoltaica no expresan la potencia instalada de un sistema en vatios (W), sino en vatios-pico (Wp).

Un sistema FV residencial permite al dueño de la casa generar una parte o la totalidad de su demanda diaria de energía eléctrica en su propio tejado, generando durante el día un exceso de producción, que podrá normalmente ser utilizado por la noche. En el caso en que la casa disponga de una conexión a la red eléctrica pública todo el tiempo, los excesos de producción se pueden volcar a la red (así como las necesidades nocturnas pueden absorberse de la red). Los sistemas FV pueden también incluir una batería de reserva o un sistema de alimentación ininterrumpida (SAI) para hacer funcionar los circuitos seleccionados en la residencia durante horas o durante días ante cortes en la red.

Existen también sistemas FV que se encuentran integrados a la edificación (BIPV). En este caso, las instalaciones FV son parte de la infraestructura existente, o están integradas a la estructura construida de la residencia, oficina o edificio industrial. Los sistemas FV montados en el tejado, por ejemplo, son considerados una aplicación integrada en el edificio. En muchas aplicaciones, la energía eléctrica generada a partir de energía solar se inyecta en la red interna del edificio.

Tecnología Fotovoltaica

Los tres componentes principales de un sistema FV (véase la figura 3) son las células fotovoltaicas y paneles (A), el inversor (B), y el contador que registra la cantidad de energía producida(C). Para sistemas FV sin conexión a la red (D) – también llamados sistemas FV autónomos-, las baterías (E) son también un componente necesario.

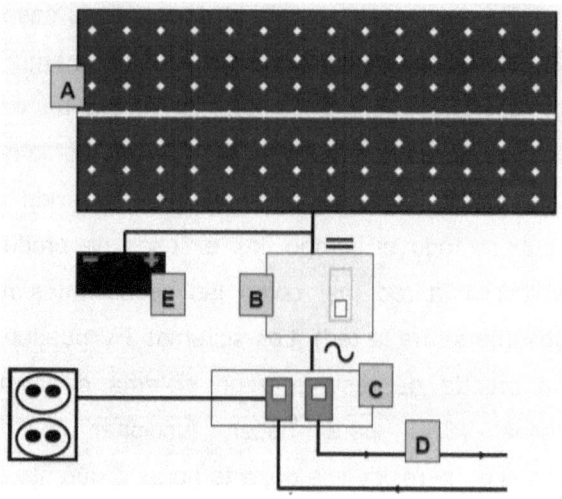

Esquema de un circuito Fotovoltaico

Células fotovoltaicas

Normalmente, las células fotovoltaicas se fabrican a partir de silicio monocristalino o policristalino. La eficiencia de las células monocristalinas es significativamente mayor que aquellas de silicio multicristalino o policristalino. El silicio monocristalino se produce a partir de lingotes de un único cristal, mientras que la fabricación del multicristalino comienza con la fusión del material, seguida de un proceso de solidificación con una determinada orientación de la estructura cristalina, lo que da lugar a bloques multicristalinos.

Tecnología	Película delgada		Oblea cristalina	
	Silicio amorfo	Diseleniuro de Indio y Cobre (CIS)	Multicristalina	Monocristalina
Eficiencia del módulo	6-7%	10-11%	12-14%	13-15%
Área requerida por kWp	15 m^2	10 m^2	8 m^2	7 m^2

Tabla 1: Tecnología para células FV

Para fabricar células FV, los lingotes de silicio o los bloques son cortados en delgadas láminas. Típicamente, las células cristalinas miden 10x10 o 12.5x12.5 cm2.

El color de una célula de silicio multicristalina es el llamado "steel blue" (un tono de azul que parece de acero), mientras que el silicio monocristalino es de color antracita. Encima de las células, se instala una pantalla de conductores de aluminio.

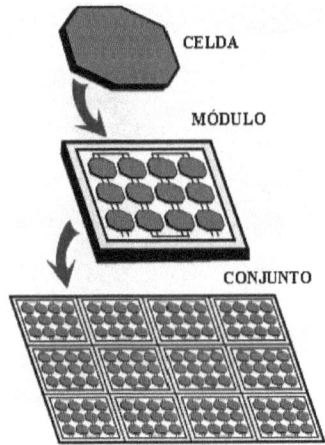

Paneles fotovoltaicos

Un módulo fotovoltaico es la unidad básica de construcción de cualquier sistema FV. Un módulo FV consiste en células interconectadas entre si y selladas con un recubrimiento de vidrio y un .respaldo impermeable. Los módulos se construyen con marcos adecuados para su posterior montaje. Un módulo FV contiene entre 48 y 72 células conectadas en serie; módulos FV típicos son 0,8 x 1,2 m2 y 0,8 x 1,6 m2, que corresponde aproximadamente desde 80 a 150 Wp, y la media de peso de un módulo FV es de aproximadamente 12 Kg/m2.

Dos o más módulos pueden ser pre-cableados juntos para instalarse como una unidad llamada panel solar o panel FV. Se pueden añadir paneles FV según se incremente la necesidad de producción de energía eléctrica.

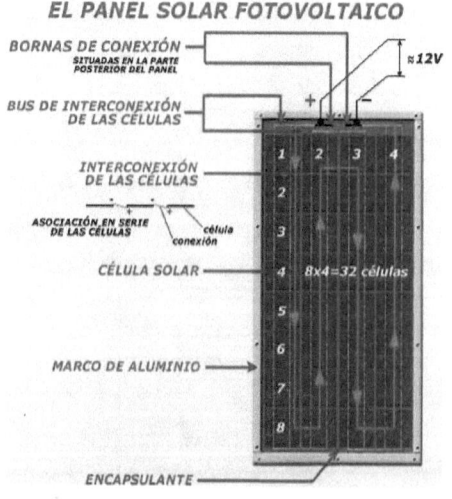

EL PANEL SOLAR FOTOVOLTAICO

Inversor

Las células fotovoltaicas y módulos generan corriente continua (CC). Dado que la mayoría de los electrodomésticos usan corriente alterna (CA), el inversor se usa para convertir la corriente continua en alterna, adecuando también la frecuencia y la tensión a la red local. Los inversores para aplicaciones fotovoltaicas incluyen funciones de control para optimizar la potencia de salida, a la que nos referiremos como MPPT (maxium power point tracking). La potencia de salida es igual a la tensión multiplicada por la corriente (P=V x I), y la función MPPT continuamente ajusta la impedancia de la carga para garantizar la potencia óptima. En el pasado, se utilizaba un único inversor para una matriz o sistema FV completo. Actualmente, la práctica común es instalar un inversor por cada línea de módulos, o

incluso dotar a cada módulo de su propio inversor, un proceso al que también nos referimos como crear "módulos CA". Para reducir las pérdidas entre los paneles FV y el inversor, se recomienda que éste se sitúe lo más cerca posible de los paneles FV. Además, asegúrese de que dicho inversor está suficientemente refrigerado y no lo exponga a la luz solar directa.

Equipo de medida

Para garantizar que el sistema FV esté funcionado correctamente, se recomienda tener una medida de la producción del sistema FV. El contador registra la cantidad de electricidad (kWh) producida por el sistema. Tenga en cuenta que en algunas instalaciones, se usa un único contador: la lectura del contador decrece cuando la potencia está siendo generada, y aumenta cuando la potencia está siendo consumida. Hay, sin embargo, varias configuraciones disponibles de medición, cada una con sus ventajas e inconvenientes. En última instancia, corresponde a compañía eléctrica local aprobar la configuración.

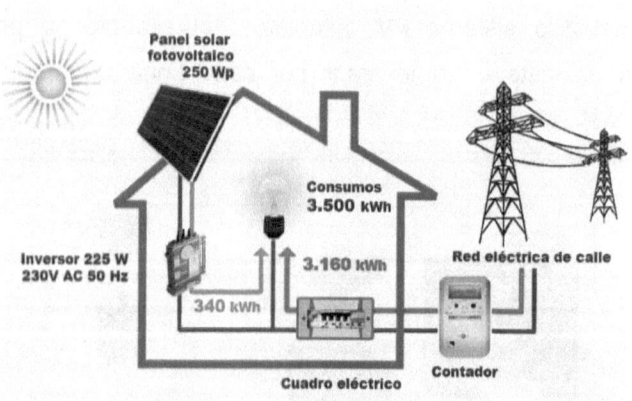

Conexión a la red

Depende del tamaño (Wp) de la instalación FV: las unidades más pequeñas se pueden conectar directamente a un enchufe eléctrico, mientras que las unidades más grandes se pueden conectar al contador donde los cables de la red pública entran en la casa.

Baterías

Los sistemas FV con baterías de almacenamiento están especialmente indicados en zonas donde no hay oferta de suministro eléctrico disponible o o bien éste no es fiable. La

capacidad de almacenar la energía eléctrica generada por el sistema FV, lo hace una fuente de energía fiable ya sea de día o de noche, llueva o haga sol. Los sistemas FV con baterías pueden ser diseñados para alimentar equipos que utilicen corriente continua o alterna. Las personas que usan equipos convencionales de corriente alterna, deben añadir un inversor entre las baterías y la carga. Los sistemas FV con baterías de almacenamiento se utilizan en todo el mundo para suministrar electricidad a luces, sensores, aparatos de grabación, interruptores, electrodomésticos, teléfonos y televisores.

Diseño e instalación de sistemas FV

Una de las principales ventajas es que pueden ser fácilmente integrados en el edificio o las casas ya existentes. Los sistemas FV son modulares y se pueden instalar en cualquier lugar.

Además, este tipo de sistemas no producen ruido, emisiones nocivas ni gases contaminantes, y lo más importante, la energía producida es gratuita. Los fabricantes disponen de modelos variados, que pueden ser instalados en diversos tipos de casas y edificios.

Diseño

La cantidad de electricidad que producen los paneles es aproximadamente proporcional a la intensidad y al ángulo de la luz que incide. Los paneles, por lo tanto, son posicionados para aprovechar al máximo la luz disponible dentro de las limitaciones de su colocación. La potencia máxima se obtiene cuando los paneles son capaces de realizar el seguimiento de los movimientos del Sol durante el día y a lo largo de las distintas estaciones del año.

Este tipo de instalaciones (con seguidor) se montan en campo, usando un poste de acero sobre una base de hormigón. Los seguidores montados en el tejado son raros de encontrar porque pueden dar lugar a problemas estructurales.

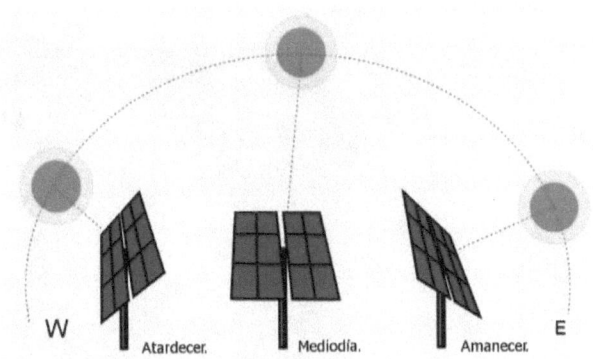

W Atardecer. Mediodía. Amanecer. E

La inclinación óptima para los sistemas FV varía con la latitud. En el hemisferio norte la orientación óptima de los módulos FV es hacia el sur, y lo contrario para el hemisferio sur. Tomemos el ejemplo del hemisferio norte. Si la orientación no es hacia el sur, pero es, por ejemplo, hacia el sureste o el suroeste, la producción de electricidad se reduce en unos pocos puntos porcentuales. El ángulo óptimo de inclinación, con respecto a la horizontal, es aproximadamente de 410 en el norte de Europa, 350 en Europa Central, y unos 320 en el sur de Europa. El ángulo de inclinación óptimo es mayor durante el invierno y menor durante el verano. Como se muestra en la figura siguiente, los valores anuales acumulados de radiación solar varían entre 1000 kWh/m2 en el centro y norte de Europa (con la excepción del norte de Escandinavia) hasta aproximadamente 1.600 a 1800 kWh/m2 en el sur de Europa. La figura también proporciona una indicación de la cantidad anual de electricidad (kWh) producida por sistemas FV, por zona geográfica. Como se puede ver en dicha figura, un sistema FV de 1.000 Wp situado en el sur de Europa, por ejemplo, produce aproximadamente 1.250 kWh, mientras que un sistema similar en el norte de Europa produce aproximadamente 750 kWh.

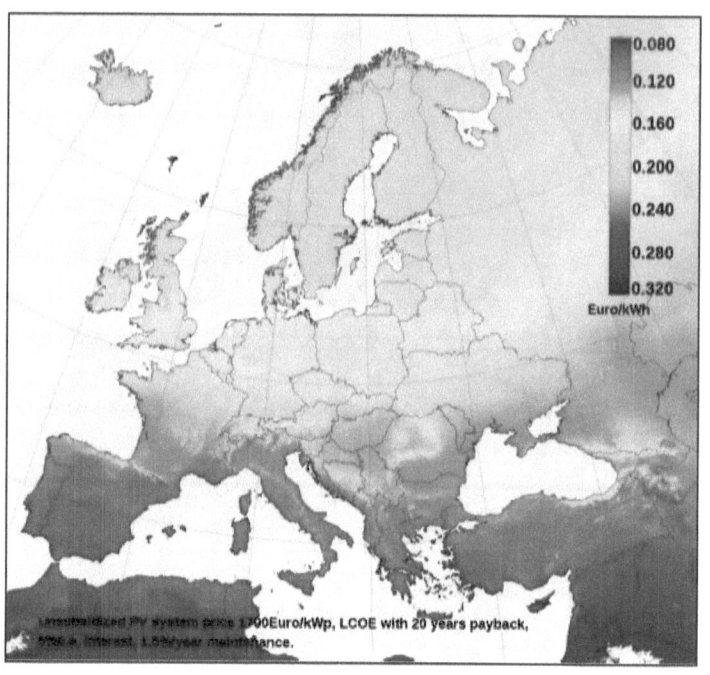

Basándonos en los datos que nos proporciona la figura, podemos calcular el tamaño del sistema FV, dependiendo del tipo de células. La potencia instalada con células de silicio cristalino es de aproximadamente 100 Wp/m2 y de 50 Wp/m2 con células de película delgada. Si se requiere una instalación FV que produzca 875 kWh al año –igual al 25 % de la media de consumo anual de un hogar europeo (3500 kWh)- el tamaño de la instalación en Bélgica (1000 kWh/m2) debería ser de aproximadamente 1170 Wp, mientras que el tamaño de la instalación en Italia (1600 kWh/m2) sería aproximadamente de 730 Wp. Dependiendo del tipo de células, el tamaño requerido en Bélgica es aproximadamente de 11.7 m2 (silicio) y 23.4 m2 (película delgada); en Italia, el tamaño aproximado requerido es de 7.3 m2 (silicio) y 14.6 m2 (película delgada). Obviamente, la inversión requerida para una instalación FV con la misma producción de electricidad será más baja en Italia que en Bélgica.

Como se muestra en la figura, se usa un índice de rendimiento estándar del 75%. A lo largo de la ubicación geográfica, el rendimiento de la producción del sistema se ve también afectado por factores tales como:

• *Sombra:* uno de los principales factores que afectan al diseño y al emplazamiento de un nuevo sistema FV es que esté libre de obstáculos que produzcan sombra en partes del sistema FV. Árboles, chimeneas y otros salientes, son obstáculos bien conocidos que pueden conducir a pérdidas por sombra en sistemas FV montados en el tejado.

El problema es que las células FV con sombra actúan como unas resistencias muy grandes, disipando la electricidad generada por las restantes, sin sombra. Esto se observa a través de la alta temperatura ("Hot spot") en los módulos a la sombra en un sistema parcialmente sombreado. Frecuentemente, los ciclos de alta temperatura acortan la vida útil de la célula y el módulo. Actualmente, la mayoría de los fabricantes de módulos suministran sus productos con diodos de "bypass" para evitar que un módulo total o parcialmente en sombra disipe la energía generada en otros módulos de la cadena.

• *Condiciones estándar de prueba*: el rendimiento de un sistema solar FV es evaluado por los fabricantes bajo condiciones estándar de prueba. Estas condiciones son fácilmente recreadas en fábrica y hacen posible comparaciones consistentes entre productos; sin embargo, necesitan ser modificadas para estimar la producción en condiciones de operación normales al aire libre.

• *Temperatura*: la potencia de salida de los módulos se reduce cuando la temperatura del módulo se incrementa (0,5% por cada grado Celsius).

• *Desajustes de módulos y Pérdidas en el cableado*: la máxima potencia de salida del conjunto total FV es siempre menor que la suma de las máximas potencias de salida de los módulos individualmente. La diferencia es el resultado de las ligeras diferencias entre los rendimientos de un módulo y el siguiente, y es conocido como "desajuste del módulo". También se pierde potencia por la resistencia en los conductores del sistema.

• *Pérdidas en la conversión de corriente continua (DC) a corriente alterna (AC)*: la potencia generada en continua por el módulo solar deber ser convertida en la corriente alterna. Se pierde algo de potencia en el proceso de conversión, y hay también una pérdida adicional en los conductores que van desde los módulos del tejado hasta el inversor.

Instalaciones residenciales

Los módulos fotovoltaicos pueden ser integrados en materiales para techar o montados en el suelo o sobre barras. Independientemente del montaje, la estructura debe ser estable y duradera, y ser capaz de soportar los módulos y resistir el viento, lluvia, granizo y otras condiciones exteriores.

Las aplicaciones de los sistemas FV en el mundo de la construcción, así como en instalaciones en el suelo, son múltiples y cada una requiere un tipo específico de integración o estructura de soporte. Se ha desarrollado una amplia gama de productos para la instalación de módulos FV. Particularmente, en el mundo de la construcción, las estructuras de montaje y soporte son diseñadas de tal manera que el sistema FV esté totalmente integrado en el edificio y contribuya a su estética y valor arquitectónico. Hay disponibles estructuras de apoyo de sistemas FV para fachadas, techos inclinados, techos planos, y hay también "tejas FV", que pueden utilizarse en sustitución de las tejas tradicionales.

A menudo, el sitio más adecuado para colocar un conjunto FV es el tejado de un edificio. El conjunto FV se puede montar por encima y en paralelo a la superficie del tejado y con una separación de varios centímetros para la refrigeración. En algunos casos, como en los techos planos, se monta una estructura separada en el tejado con un ángulo más cercano al óptimo. Cuando se considera una instalación FV montada en el tejado, debe prestarse atención al revestimiento del tejado.

Funcionamiento y mantenimiento

El funcionamiento y mantenimiento de un sistema FV es simple y no requiere un gran mantenimiento. Los sistemas FV no tienen partes móviles que puedan desgastarse, estropearse o que tengan que ser reemplazadas. El funcionamiento de los sistemas FV debe ser comprobado mediante la medida de la energía (kWh) producida por el sistema. Dependiendo de la cantidad de suciedad y polvo acumulada, los paneles solares deber ser limpiados anualmente (en la mayoría de los países europeos, la cantidad de precipitaciones anuales es suficiente para limpiar la suciedad y el polvo de los paneles solares). También se debe garantizar que el sistema FV se mantenga libre de sombra durante su vida útil; el crecimiento de árboles y la construcción de nuevas casas, por ejemplo, pueden dar lugar a que el sistema FV quede sombreado.

Las baterías de los sistemas FV sí requieren de un mantenimiento. Las baterías usadas en los sistemas FV son similares a las baterías de los coches, pero están diseñadas de modo diferente para permitir que la mayoría de su carga sea usada cada día. Las baterías diseñadas para proyectos FV plantean los mismos riesgos y demandan las mismas precauciones en el manejo y almacenamiento que las baterías de automóvil. No deben ser expuestas a un clima extremadamente frío y el fluido en baterías no selladas debe ser comprobado periódicamente.

Costes y beneficios

Junto con los costes de inversión, la evaluación económica de los sistemas FV incluye otros aspectos que también deben tenerse en cuenta:

1. Reducción de los costes anuales de la electricidad debido a la producción de ésta por los sistemas FV. Las expectativas para el futuro del precio de la electricidad deben tenerse en cuenta igualmente.

2. Posibles programas de apoyo para los sistemas FV por parte del Gobierno: por ejemplo, subvenciones e incentivos fiscales. En muchos casos la electricidad producida es comprada a precio

bonificado. En caso de instalaciones aisladas existen a menudo ayudas a la inversión.

3. Costes derivados de economizar otros materiales de construcción gracias al uso de módulos FV.

4. Costes debidos a la contaminación por el CO_2 producido al generar la energía eléctrica: para los sistemas FV ese coste es cero.

Costes de inversión

A partir de 2007, el precio de los sistemas FV está entre los 5 y los 7 Euros por Wp (incluyendo los impuestos). Se espera que caiga este precio hasta 3,50 € por Wp para el 2010, y a 2 € por Wp para el 2020 (sin incluir los impuestos). Además, muchos productores ofrecen garantías de rendimiento de 20-25 años en sus módulos. Algunos países y gestores de la red también darán subvenciones para la adquisición de sistemas FV.

Los costes de generación de los sistemas fotovoltaicos domésticos, en la mayoría de los casos, no son aún competitivos con los precios de la electricidad comprada a red, excepto en el caso de que existan programas de apoyo.

El precio de la electricidad varía enormemente a lo largo de los 27 países de la UE. De acuerdo con Eurostat, el precio medio de la electricidad en un hogar medio en la UE (desde febrero de 2007) es aproximadamente de 0,1528 € por kWh6.

Evaluación de los sistemas FV

Para obtener una indicación rápida de los costes de generación de los sistemas FV en casas, divida los costes de inversión del sistema FV entre la cantidad de kWh producidos durante la vida útil de dicho sistema. Para sistemas FV, se puede calcular fácilmente el coste de generación por kWh.

Una instalación con una producción de 875 kWh al año (25% del consumo anual), producirá durante su vida útil (que suponemos de 25 años) 875*25 = 21.875 kWh. Para esto, si el sistema está en Bélgica, tiene que ser de 1170 Wp; si está en Italia, con 730Wp es suficiente. Si se considera un coste de inversión de 6 € por Wp, el coste de un kWh en Bélgica es de 0,3209 €, y en Italia es de 0,2002 € (sin tener en cuenta el valor temporal del dinero).

Los precios en cada uno de estos sitios es mayor que el precio medio de la electricidad para hogares en Europa; sin embargo, el precio de la electricidad para hogares en Italia en enero de 2007 fue de 0,2329 € por kWh. Con estos precios, los sistemas FV pueden ser económicamente competitivos en países del sur de Europa. Si bien los costes de la electricidad fotovoltaica son superiores para algunos países, el precio es probablemente menor que lo que esperamos pagar dentro de 20 años; los costes de los sistemas FV han descendido constantemente desde hace algunos años, mientras que el coste de la electricidad (kWh) se ha incrementado recientemente. En algunos países se compra a precio bonificado toda la producción fotovoltaica.

Una cuestión que se nos plantea a menudo es en qué medida la energía fotovoltaica es necesaria para un hogar medio. Esto depende en gran medida de tres factores principales:

1. la inversión máxima que se esté dispuesto a hacer;

2. el máximo número de módulos fotovoltaicos que puedan situarse en su tejado;

3. la electricidad (kWh) que quiera producir con un sistema FV.

Antes de hacer una inversión en un sistema FV, es recomendable que reduzca su consumo de electricidad, por ejemplo, usando electrodomésticos eficientes energéticamente o aislando convenientemente su vivienda. Cuanto más bajo sea su consumo de electricidad, más pequeño puede ser su sistema FV. La tabla 2 proporciona una indicación de los costes y espacio requerido para la electricidad producida en Bélgica y en Italia cubriendo el 25, el 50, el 75 y el 100 por cien de la media anual del consumo de energía (3.500 kWh).

	25% (875 kWh)			50% (1.750kWh)			75% (2.625 kWh)			100% (3.500 kWh)		
	kWp	Área (m²)	Coste (€)	kWp	Área (m²)	Coste (€)	kWp	Área (m²)	Coste (€)	kWp	Área (m²)	Coste (€)
Bélgica	1	11,7	7.000	2,33	23,3	14.000	3,5	35	21.000	4,67	46,7	28.000
Italia	0,63	7,3	4.375	1,46	14,6	8.750	2,19	21,9	13.125	2,92	29,2	17.500

Tabla 2: Dimensiones de sistemas FV para varios niveles de producción.

La mayoría de los sistemas FV no tienen que satisfacer el 100% de las necesidades de energía de su hogar. Si sus recursos financieros son limitados, puede iniciar con una instalación pequeña, instalar un sistema FV que satisfaga, por ejemplo, el 25% de su consumo anual, o incluso menor. Como el coste de estos sistemas va en descenso, puede incrementar gradualmente el tamaño de su sistema. Por otra parte, este ejemplo no tiene en cuenta las subvenciones para la inversión en sistemas fotovoltaicos ni el alto precio al que la electricidad se puede vender a la red.

Junto con la evaluación económica, los sistemas FV también proporcionan beneficios adicionales, tales como:

• Ahorro de espacio en la instalación: la tecnología FV es simple, de bajo riesgo, y puede ser instalada en cualquier sitio donde haya luz, en el tejado o en la fachada;

• Aumento de la eficiencia de la red eléctrica: si la energía se genera cerca del punto de consumo, las pérdidas en la red eléctrica disminuyen. También puede reducir o posponer la inversión en la red, por ejemplo, durante el verano, cuando el uso de los equipos de aire acondicionado aumenta en los hogares. De esta manera, los sistemas FV pueden reducir el pico de carga en las redes causado por el uso del aire acondicionado.

• Menores costes de servicio: después de su inversión inicial, la factura mensual se verá reducida; después de todo, la luz del sol es gratis;

• Protección del clima: los sistemas FV no emiten absolutamente nada de dióxido de carbono durante su funcionamiento;

• Seguridad de suministro: si usa un sistema con baterías de almacenamiento, su sistema FV puede funcionar aunque no se suministre electricidad de la red.

Instalación en su casa o negocio

Instalar un sistema FV en su casa o negocio puede ser muy beneficioso. Antes de instalar un sistema FV, sin embargo, asegúrese de contactar con organizaciones en su región, que puedan proporcionarle infamación local relacionada con el uso de energía FV en casas y negocios. Este capítulo le dará algunas medidas para ayudarle a tener su sistema FV en marcha y funcionando.

1. Póngase en contacto con su proveedor eléctrico, con su agente de seguros y con un arquitecto o aparejador que le pueda asesorar.

Algunos proveedores eléctricos y algunos agentes de seguros no les gusta que los clientes instalen sistemas de generación conectados con la red. Por lo tanto, es importante consultar a ambos para determinar si puede continuar. Su proveedor eléctrico también puede informarle acerca de la posibilidad de incentivos para los sistemas FV. También, pregunte sobre la posibilidad de vender electricidad a la red.

Algunas compañías de seguros y agentes, sin embargo, pueden estar poco dispuestos a asegurar su sistema FV. Si usted vive en una región donde haya normas que restrinjan el uso de los sistemas de energía solar, necesitará someter su sistema FV a planes de energía FV y a una junta de arquitectura. Si realiza la instalación sin la aprobación previa de la junta, se le puede pedir que retire su sistema recién instalado. Si llega a tener problemas con la junta de arquitectura, puede también considerar instalar tejados fotovoltaicos como alternativa. Los tejados fotovoltaicos se mimetizan con la estética de la casa y reducen las preocupaciones paisajísticas expresadas por las juntas de revisión.

2. La correcta instalación y el mantenimiento es esencial para maximizar el rendimiento energético de un pequeño sistema

fotovoltaico (FV). Cuando se realiza la instalación de un sistema FV, hay muchos factores a considerar, incluyendo el emplazamiento, el tamaño del sistema, la seguridad eléctrica y así sucesivamente. Los sistemas fotovoltaicos son complejos. Un sistema diseñado inadecuadamente puede poner en peligro su casa o a los trabajadores. Los sistemas fotovoltaicos no deben ser tratados como un "hágalo usted mismo" que se pueden instalar en poco más de un fin de semana con un folleto de instrucciones. Al contrario, debe considerar la contratación de un experto para diseñar e instalar su sistema FV. Un profesional experimentado en energía FV también puede ayudarle a responder a las empresas locales de servicios públicos y contestar a las preguntas de los inspectores de construcción.

3. Consideraciones de diseño: Recuerde, la mayoría de los sistemas fotovoltaicos no tienen que satisfacer el 100% de las necesidades de energía de su hogar. Si sus recursos financieros son limitados, puede comenzar con pequeñas instalaciones, como instalar un sistema que proporcione el 10 o el 20% de sus necesidades energéticas anuales. Como el coste de los sistemas fotovoltaicos va en disminución y hay incentivos por parte del Estado y de las Comunidades, puede aumentar gradualmente el tamaño de su sistema FV para satisfacer un mayor porcentaje de su consumo de energía.

La mayoría de los fabricantes de sistemas FV en Europa son miembros de la European Photovoltaic Industry Association (www.epia.org). Esta página web enumera una serie de fabricantes en cada país, incluso los sitios web de estas compañías.

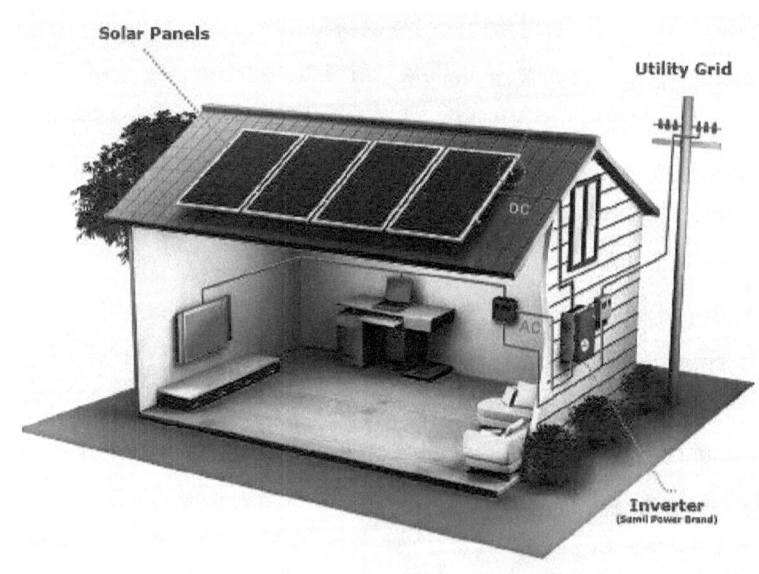

Solar Panels

Utility Grid

DC

AC

Inverter
(Samil Power Brand)

Esquema de instalación Autoconsumo Fotovoltaica

GENERACIÓN FOTOVOLTAICA

• Efecto fotovoltaico. Teoría de los semiconductores
• La célula solar
• Módulos fotovoltaicos

Efecto fotovoltaico. Teoría de los semiconductores

Conductores

Son sustancias que poseen muchos electrones libres. El movimiento errático de tales electrones puede encauzarse en una dirección aplicando una fuerza consiguiendo un flujo electrónico.

Aislantes

También llamados dieléctricos, son sustancias cuya estructura atómica retiene fuertemente los electrones y el movimiento de estos sólo se produce dentro de los límites del átomo, por cuya razón es difícil que por el interior de tales sustancias circule un flujo electrónico.

Semiconductores

Estas sustancias tienen propiedades intermedias entre los conductores y los aislantes. La cantidad de electrones libres depende de determinados factores: calor, luminosidad, cantidad de impurezas que exista en la composición de la sustancia, etc.

Efecto fotovoltaico. Teoría de los semiconductores

• Son materiales en estado sólido.

• Su estructura interna es en forma de red cristalina.

• Son transparentes a la luz cuyos fotones no superen un valor determinado de energía.

• Su conductividad aumenta con la temperatura.

• La conducción en los semiconductores se explica por la teoría del movimiento de electrones y huecos.

• Mediante el dopaje de los cristales se mejora la conductividad de los semiconductores.

• El dopaje se puede realizar mediante dos tipos de impurezas:

     -Impurezas receptoras (Tipo P) Huecos

     -Impurezas donadoras (Tipo N) Electrones

La célula solar

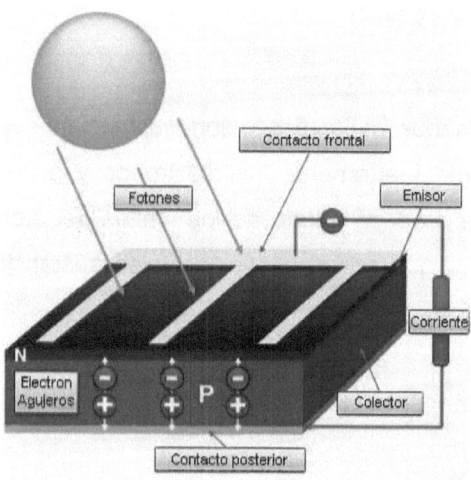

Parámetros

• Corriente de cortocircuito

• Eficiencia cuántica

• Tensión de circuito abierto

• Corriente de oscuridad

• Potencia máxima

• Factor de forma

• Resistencia serie y paralelo

• Eficiencia

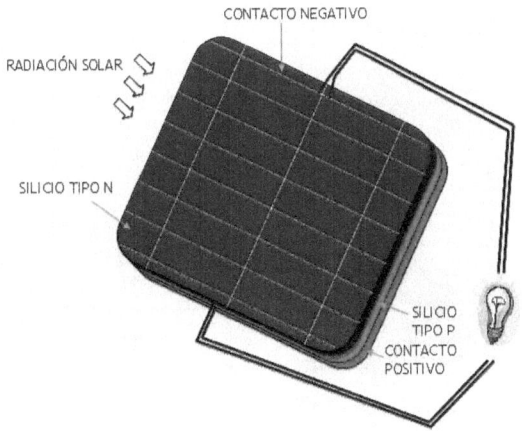

Las células solares se fabrican con diferentes materiales:

Silicio cristalino: Mono y policristalino, amorfo.

Semiconductores compuestos: Arseniuro de Galio, Telururo de

Cadmio, etc.

Con diversas estructuras:

De gran espesor (300 micras): Si mono y policristalino.

De película delgada: Si amorfo y materiales compuestos.

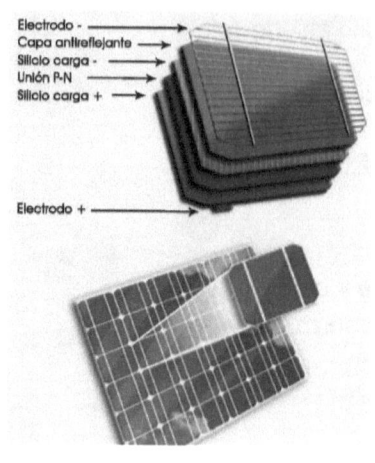

- Electrodo -
- Capa antireflejante
- Silicio carga -
- Unión P-N
- Silicio carga +

- Electrodo +

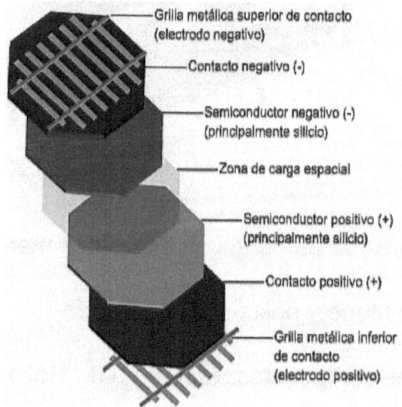

- Grilla metálica superior de contacto (electrodo negativo)
- Contacto negativo (-)
- Semiconductor negativo (-) (principalmente silicio)
- Zona de carga espacial
- Semiconductor positivo (+) (principalmente silicio)
- Contacto positivo (+)
- Grilla metálica inferior de contacto (electrodo positivo)

El módulo Fotovoltaico

ELEMENTOS DE UN PANEL FOTOVOLTAICO

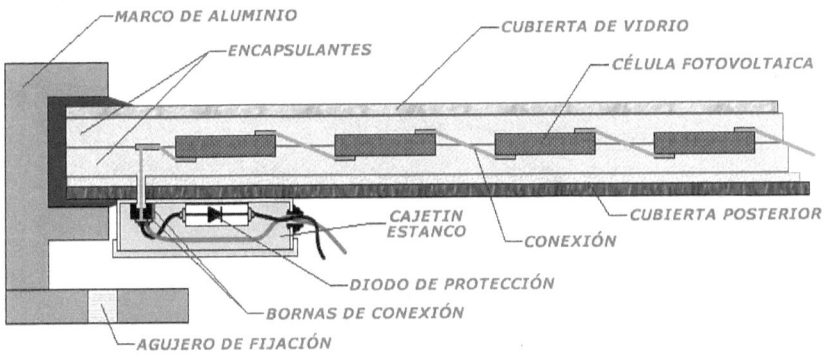

El módulo fotovoltaico

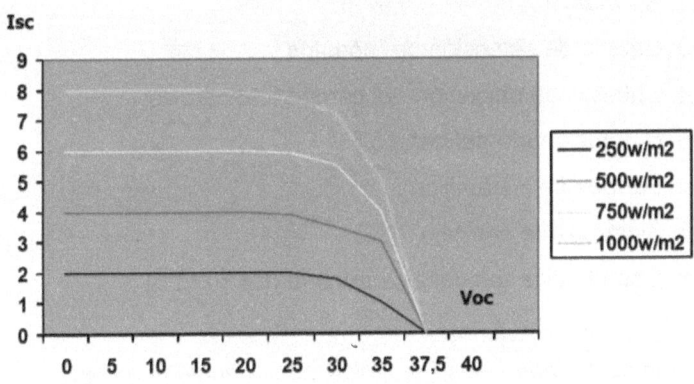

Curva de tensión intensidad a 25° C de temperatura de célula y diferentes niveles de radiación.

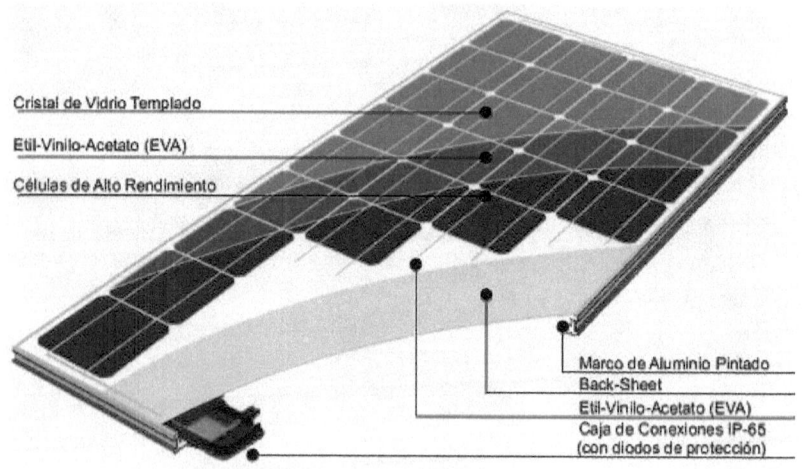

Cristal de Vidrio Templado
Etil-Vinilo-Acetato (EVA)
Células de Alto Rendimiento

Marco de Aluminio Pintado
Back-Sheet
Etil-Vinilo-Acetato (EVA)
Caja de Conexiones IP-65
(con diodos de protección)

SISTEMAS FOTOVOLTAICOS CONECTADOS A LA RED

1. Tipo de instalaciones SFVCR

2. Normativa

3. Criterio de selección de módulos

4. Criterios de ubicación del campo fotovoltaico

5. Dimensionado del campo FV

6. Formas de instalación

7. Sistemas de montaje

8. Contribución fotovoltaica mínima (CTE-HE 5)

Tipo de Instalaciones Fotovoltaicas conectadas a Red

• Tejados Fotovoltaicos (1 kW – 5 kW)

• Generación dispersa (5 kW – 100 kW)

• Plantas fotovoltaicas (> 100 kW)

• Huertas fotovoltaicas

Normativa de Instalaciones fotovoltaicas

-Ley 54/1997 del Sector Eléctrico.

-R.D. 1663/2000. Conexión de instalaciones fv a la Red de B.T.

-Resolución 31/5/2001 (BOE 21/6/2001) de la D.G.P.E.M.

-Modelo de contrato tipo y modelo de factura para instalaciones solares fotovoltaicas conectadas a la red de B.T.

-R.D. 314/2006 de aprobación del CTE (capítulo 3, artículo 15) HE5

contribución fotovoltaica mínima de energía eléctrica.

R.D. 661/2007 Regulación de la actividad de producción de energía

eléctrica en régimen especial.

-Reglamento electrotécnico de Baja Tensión.

-Pliego de condiciones técnicas de instalaciones de Energía Solar Fotovoltaica Conectadas a Red.

-Normativas de las administraciones locales (Ayuntamientos, etc.).

Criterio de Selección de módulos

• Potencia pico unitaria (220 Wp)

• Tolerancia de la potencia (-2% + 5%)

• Tensiones de funcionamiento (Voc, Vpmp)

• Intensidad de cortocircuito (Isc)

• Temperatura nominal de operación de célula (TNOC)

• Coeficiente de temperatura (mV / º C)

• Máxima tensión del sistema

• Garantía de potencia en años (90% 12 años)

Criterios de ubicación del campo fotovoltaico

-Captación máxima de la energía solar

-Cercanía al punto de conexión

-Accesos a la instalación

-Impacto visual

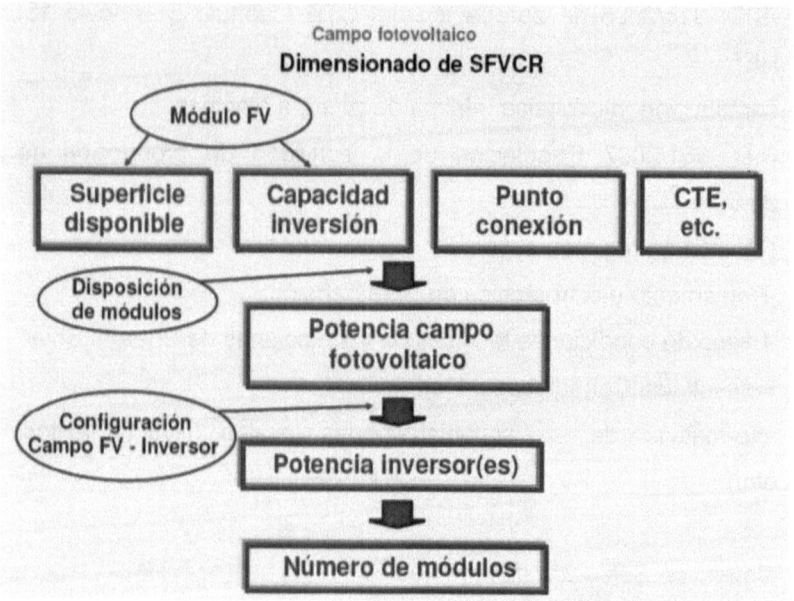

Formas de instalación del campo fotovoltaico

-General

-Superposición (paralelo a la envolvente)

-Tejados y azoteas

-Fachadas

-Integración arquitectónica (Doble funcionalidad)

-Revestimiento (tejados y fachadas)

-Cerramientos (tejados y fachadas)

-Sombreado (toldos y marquesinas)

Campo fotovoltaico

Formas de instalación del campo fotovoltaico: General

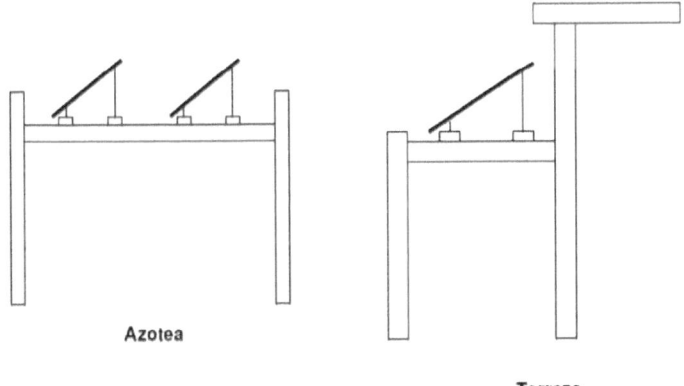

Azotea

Terraza

Campo fotovoltaico: **Instalación en tejado**

Campo fotovoltaico

Formas de instalación del campo fotovoltaico: Superposición

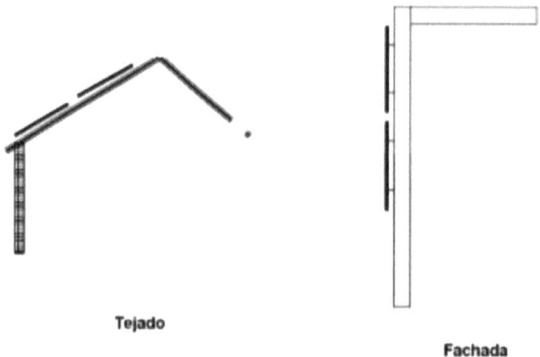

Tejado

Fachada

Campo fotovoltaico
Superposición sobre tejado

Fuente: EPIA (European Photovoltaic Industry Association)

Superposicion sobre fachada: muro cortina

Fundación Metropoli (Alcobendas – Madrid)
2.2 kWp (24 modulos cristal – cristal Si-p)

Campo fotovoltaico

Integración arquitectónica: Revestimiento

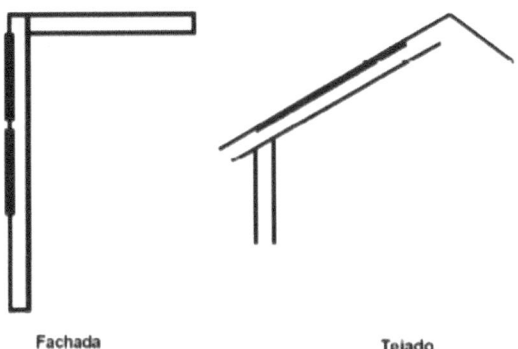

Fachada   **Tejado**

Campo fotovoltaico

Integración arquitectónica: Revestimiento

Campo fotovoltaico

Integración arquitectónica: Cerramiento

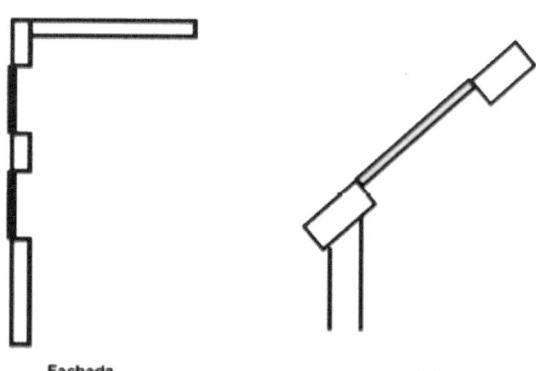

Fachada   Tejado

Campo fotovoltaico

Integración arquitectónica: Cerramiento

Fachada acristalada (silicio monocristalino, células 10 x10 cm)

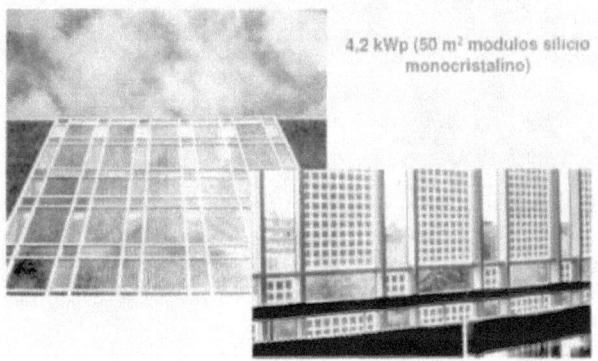

4,2 kWp (50 m^2 modulos silicio monocristalino)

Campo fotovoltaico

Integración arquitectónica: Sombreamiento

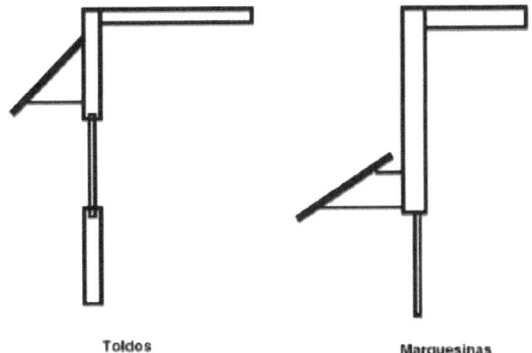

Toldos   Marquesinas

Campo fotovoltaico
Integración: sombreamiento

Sistemas de montaje

Estructura soporte

• La estructura soporte de módulos ha de resistir, con los módulos instalados, las sobrecargas del viento y la nieve según normativa básica de la edificación: NBEAE-88.

• El diseño de la estructura, permitirá las necesarias dilataciones térmicas.

• La estructura se protegerá superficialmente contra la acción de los agentes medioambientales.

• La tornillería será de acero inoxidable cumpliendo la norma MV-106

• Los topes de sujeción y la propia estructura no proyectarán sombras sobre los módulos.

• La estructura soporte será calculada según la norma MV-103 para soportar cargas extremas por factores climatológicos adversos (viento, nieve, etc.).

• Si la estructura es de acero laminado conformado en frío cumplirá la norma MV-102.

• Si la estructura es de galvanizado en caliente, cumplirá las normas UNE 37-501 y UNE 37-508 contando con espesor mínimo de 80 micras.

Distancia mínima entre filas de módulos

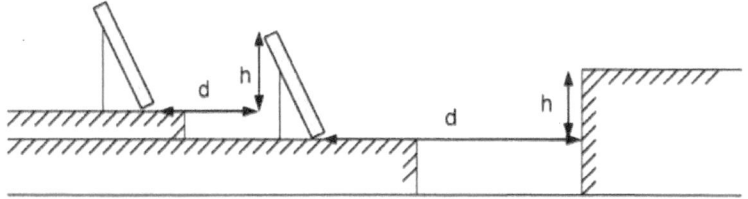

Tabla VII

Latitud	29°	37°	39°	41°	43°	45°
k	1,600	2,246	2,475	2,747	3,078	3,487

$$d = h \, / \, \tan (61° - \text{latitud})$$
$$k = 1/\tan (61° - \text{latitud})$$

EDIFICIOS FOTOVOLTAICOS: Esquema general

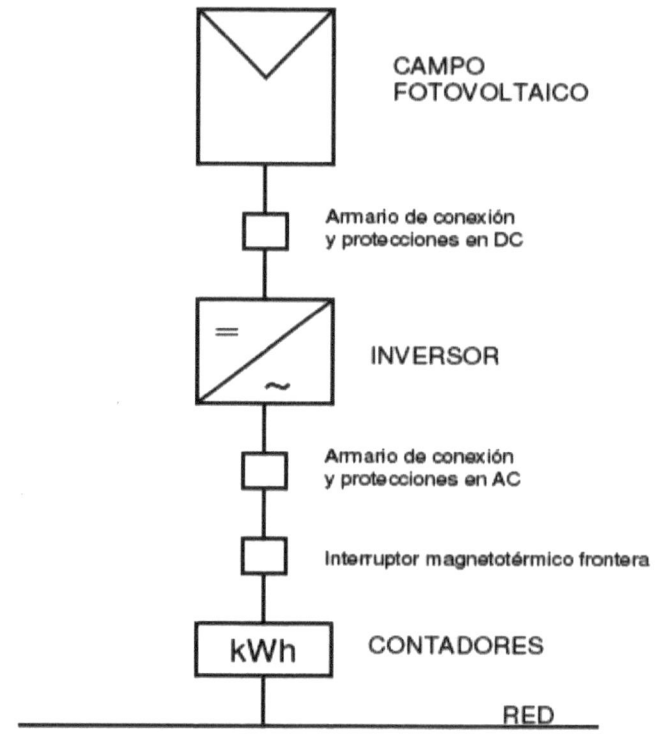

CAMPO
FOTOVOLTAICO

Armario de conexión
y protecciones en DC

INVERSOR

Armario de conexión
y protecciones en AC

Interruptor magnetotérmico frontera

kWh   CONTADORES

RED

Esquema general de sistema fotovoltaico conectado a red

Sistema Fotovoltaico conectado a red de BT: Esquema general

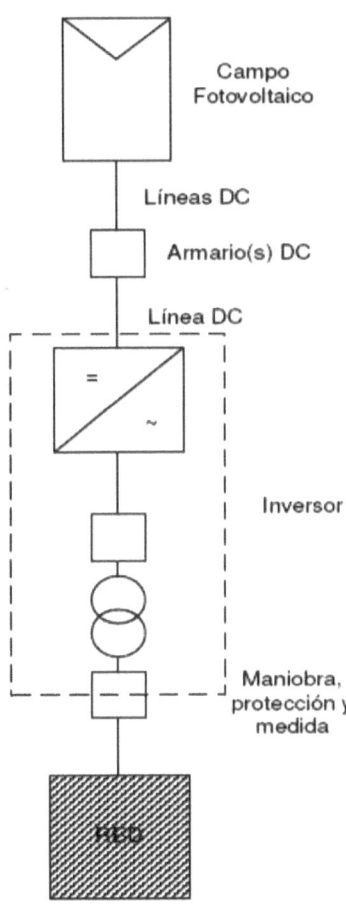

**Sistema Fotovoltaico
conectado a red:
Esquema general**

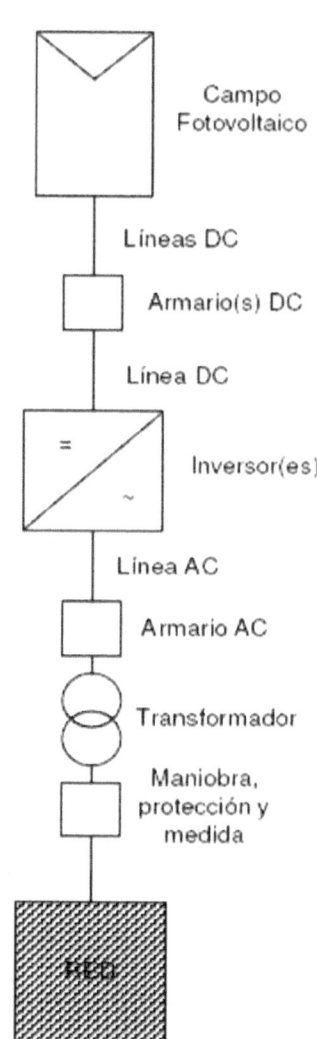

Campo
Fotovoltaico

Líneas DC

Armario(s) DC

Línea DC

Inversor(es)

Línea AC

Armario AC

Transformador

Maniobra,
protección y
medida

Configuración del sistema

1. Punto de conexión
2. Condiciones técnicas de la conexión a red en Baja Tensión
3. Características del inversor o inversores
4. Criterios de elección del inversor
5. Configuraciones del campo fotovoltaico – inversor
6. Configuración del campo fotovoltaico – Interconexión

-R.D. 1663/2000 Conexión de instalaciones fotovoltaicas a la red de

baja tensión Condiciones técnicas generales

-Conexión en baja tensión cuando PN (SFVCR) £ 100 kVA

-SP (régimen especial) £ ½ capacidad de transporte de la red BT

-PN > 5 kW la conexión ha de hacerse trifásica

-Varios inversores monofásicos de P £ 5kW

-Un solo inversor trifásico

-Aislamiento galvánico entre la red de BT y el sistema FV

-No funcionamiento en isla

-Reconexión automática

-No puede haber ningún dispositivo de generación, acumulación consumo.

-R.D. 1663/2000 Conexión de instalaciones fotovoltaicas a la red de baja tensión.

Protecciones

• Interruptor general frontera para desconexión manual de la instalación FV

• Interruptor automático diferencial para protección de las personas en caso de derivación de la parte continua de la instalación

• Interruptor automático de interconexión accionado por:

Protección de máxima y mínima frecuencia (50 Hz ±1)

Protección de máxima y mínima tensión de CA (UN±1,1 y 0,85 V)

Estas protecciones pueden integrarse en el inversor.

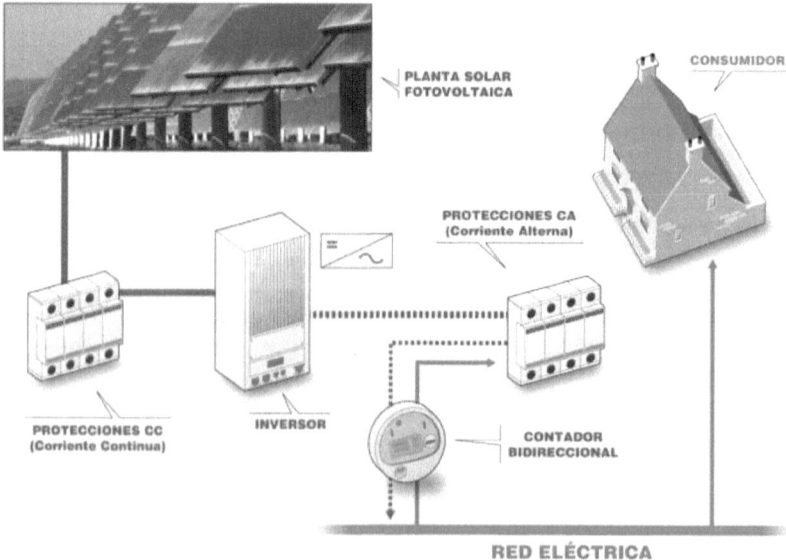

Instalaciones de enlace (ITC – BT – 12): único usuario

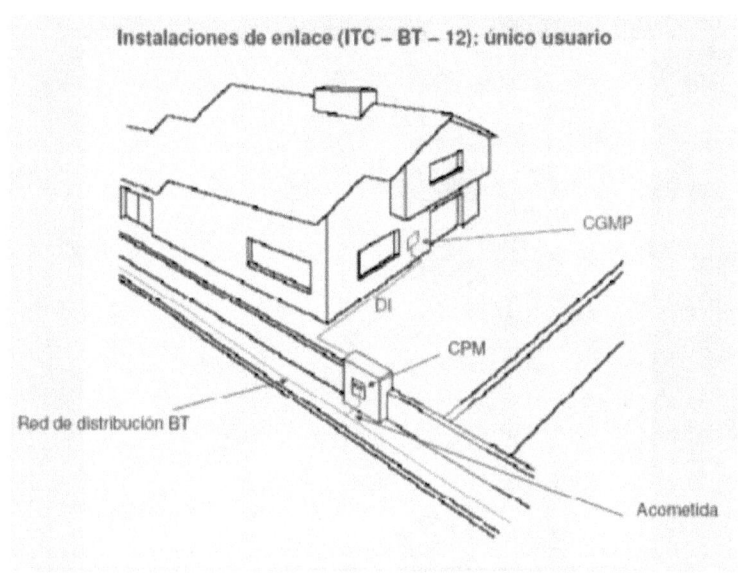

CGMP
DI
CPM
Red de distribución BT
Acometida

Instalaciones de enlace (ITC – BT – 12): único usuario

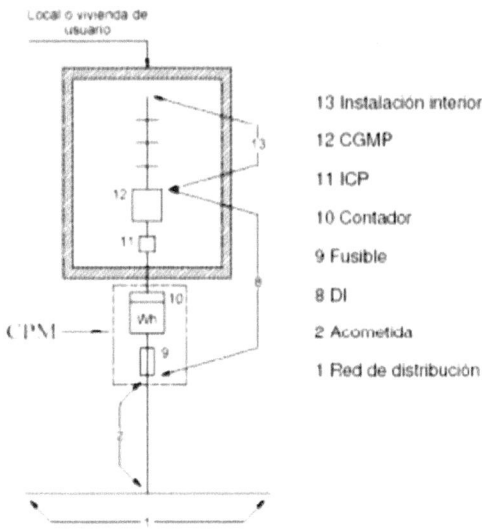

Local o vivienda de usuario

13 Instalación interior

12 CGMP

11 ICP

10 Contador

9 Fusible

8 DI

2 Acometida

1 Red de distribución

CPM

Instalaciones de enlace (ITC – BT – 12): dos usuarios alimentados desde el mismo lugar

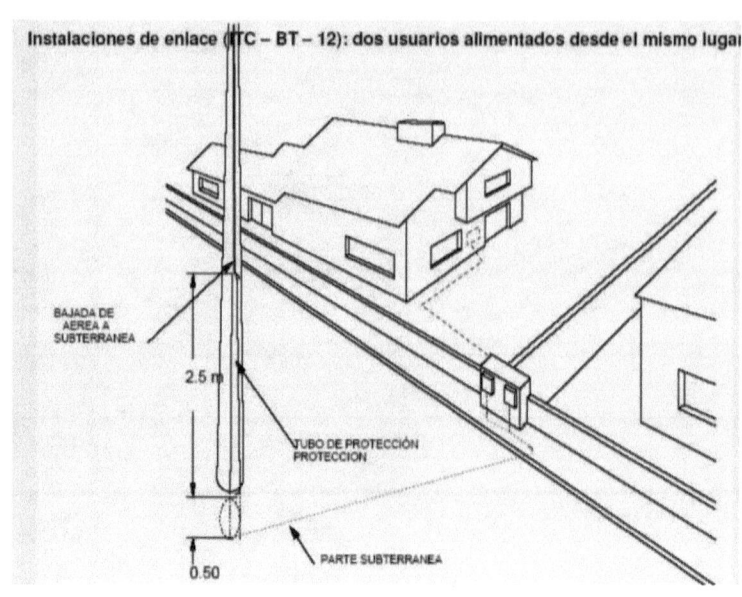

BAJADA DE
AEREA A
SUBTERRANEA

2.5 m

TUBO DE PROTECCIÓN
PROTECCION

PARTE SUBTERRANEA

0.50

Instalaciones de enlace (ITC – BT – 12): dos usuarios alimentados desde el mismo lugar

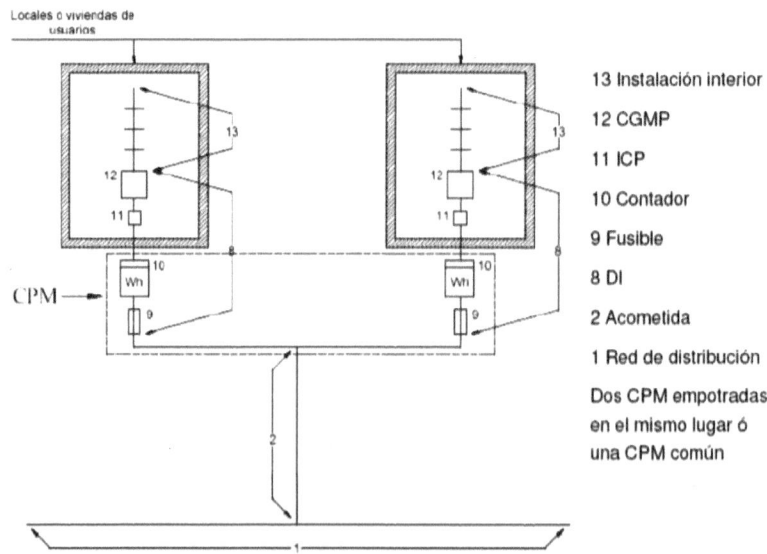

Locales o viviendas de
usuarios

CPM

13 Instalación interior

12 CGMP

11 ICP

10 Contador

9 Fusible

8 DI

2 Acometida

1 Red de distribución

Dos CPM empotradas
en el mismo lugar ó
una CPM común

84

Instalaciones de enlace en edificios de viviendas

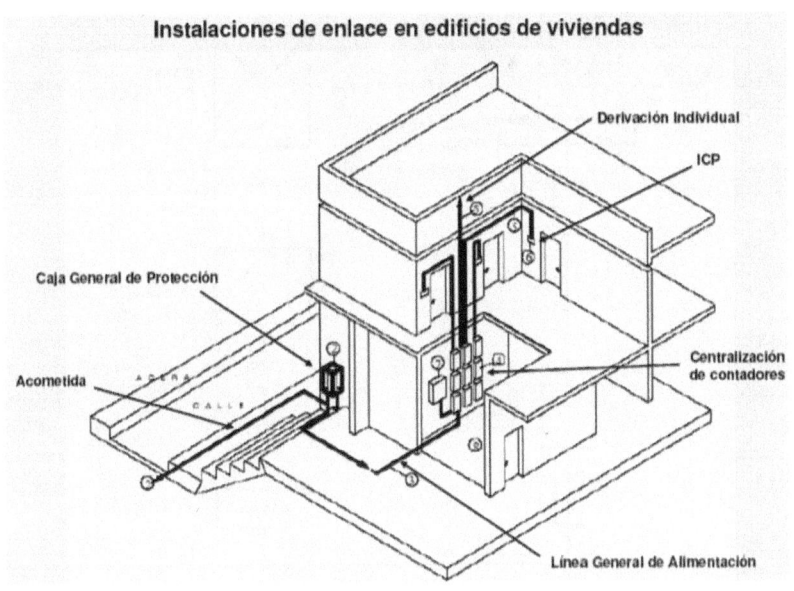

Derivación Individual

ICP

Caja General de Protección

Acometida

Centralización de contadores

Línea General de Alimentación

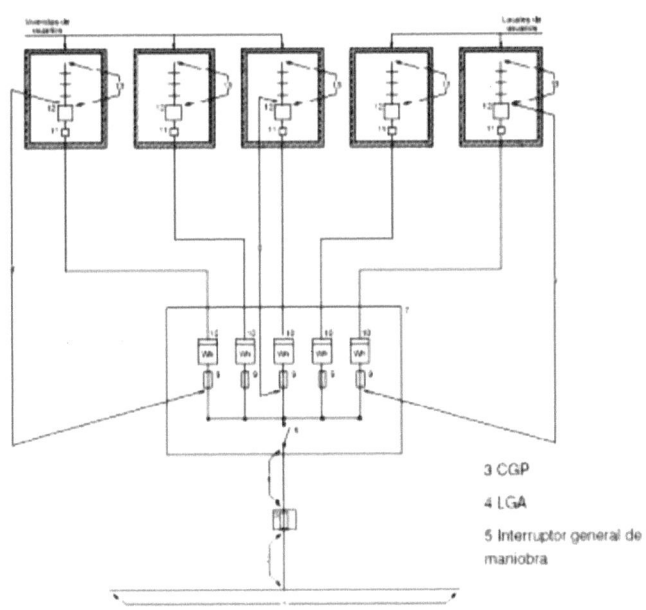

3 CGP

4 LGA

5 Interruptor general de maniobra

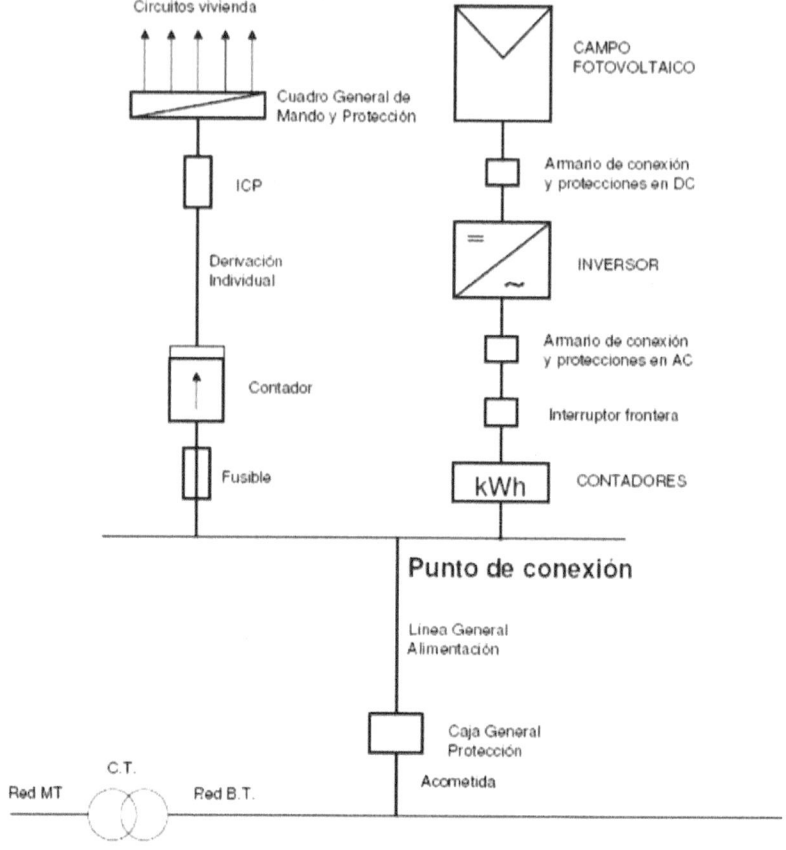

Conexión a red de compañía

• R.D. Ley 5/2005 de reformas urgentes para el impulso a la productividad: Todas las instalaciones destinadas a más de un consumidor, son red de distribución y deberán ser cedidas a la empresa distribuidora.

• Ley 54/1997 Art. 21.7: La producción eléctrica es tanto la transformación como la conexión (si la línea de distribución a donde se conecta no tiene transformador, el transformador de la instalación fotovoltaica es parte del generador.

• R.D. 1955/2000, Art. 30: Serán conexiones los elementos subestaciones y líneas que sean necesarias para enlazar una o varias centrales generadoras con la línea de distribución.

• ITC-BT-40: Conexión en BT, la suma de las potencias nominales en régimen especial no excederá de 100 kW, ni la mitad de la capacidad de carga de la línea de distribución.

Las instalaciones destinadas a la transformación como a la evacuación de la energía generada, son parte de la instalación fotovoltaica.

Características del inversor

• Calidad de la señal eléctrica C.A.
• Compatibilidad fotovoltaica
• Seguridad
• Características propias; han de cumplir las siguientes normativas:

Norma UNE EN 61727/96. Sistemas fotovoltaicos

R.D. 1663/2000. Conexión de instalaciones fotovoltaicas a la red de baja tensión

Pliego de Condiciones Técnicas de instalaciones fotovoltaicas conectadas a red I.D.A.E. (PCT-C Octubre 2002).

Inversor

• Calidad de la señal eléctrica

• La señal eléctrica será de tipo senoidal pura

• La frecuencia de C.A. Será de 50 Hz ± 1 Hz

• El factor de potencia (cosj) deberá ser superior a 0,95 entre el 25% y el 100% de la potencia nominal C.A.

• La distorsión armónica total THD y la compatibilidad electromagné-   tica cumplirán RD1663/2000 (artículo 13)

• Los valores de eficiencia serán entre 85% y 88% para PN < 5Kw y entre 90% y 92% para PN > 5kW.

• Compatibilidad fotovoltaica

• Intervalo variable de la tensión de entrada CC

• Seguimiento automático de punto de máxima potencia (pmp)

• No funcionamiento en modo isla

• Restablecimiento automático del sistema después de pérdida de tensión de red (30 segundos ÷ 3 minutos) (UNE EN 61727).

Seguridad

• Cumplimiento de las directivas comunitarias de Seguridad Eléctrica y Compatibilidad Electromagnética (certificadas por el fabricante) incorporando protecciones frente a:

· Cortocircuitos en CA

· Tensión de red fuera de rango

· Frecuencia de red fuera de rango

· Sobretensiones, mediante varistores o similares

- Perturbaciones de red como microcortes, pulso, defectos de ciclos, ausencia y retorno de la red, etc.
- Índice de protección mínima
- IP 20 Interior de edificios en lugar no accesible
- IP 30 Interiores accesibles
- IP 65 Intemperie.

Potencia del inversor

-Temperatura de operación de célula: Tc = Ta + (TNOC − 20).

-Ta = Temperatura ambiente.

-TNOC = Temperatura de célula en condiciones normales de operación de célula: irradiancia de 800 W/m², velocidad del viento de 1 m/s y temperatura ambiente de 20° C.

-Potencia de un módulo fotovoltaico en función de la temperatura.

$$P = P0 \ (E/ECEM) \ [100 − Y \ (Tc − TCEM)].$$

-TCEM = Temperatura de célula en condiciones estándar de prueba.

Y=Coeficiente de variación de la potencia en función de la temperatura (entre 0,4% y 0,5% para Si-m y entre 0,1% y 0,2% para Si-a).

-E = Irradiancia de operación sobre el módulo.

-ECEM = Irradiancia en condiciones estándar de medida.

-P = potencia del módulo fotovoltaico a Tc y E.

-P0 = Potencia del módulo fotovoltaico a TCEM y ECEM.

Potencia del inversor

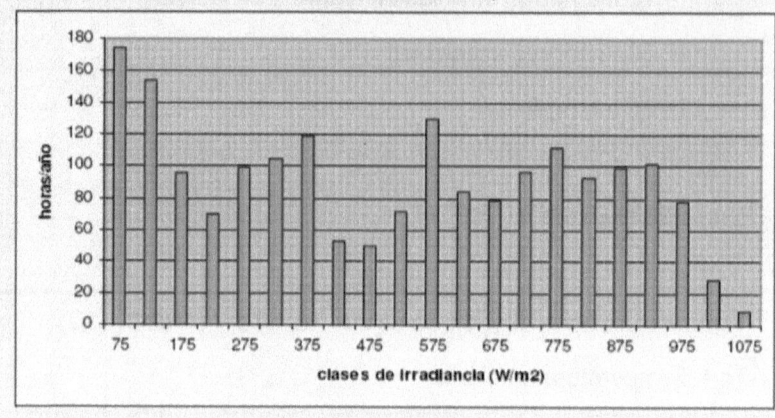

Distribución de irradiancia para β = 35° y α = 0° en Madrid (Modelo de Pérez, Esther Muñoz, 2006)

Potencia óptima del inversor:

- Sistemas fijos: $P_{INV} = 0,8 - 0,9 \times P_0$
- Sistemas con seguimiento: $P_{INV} = 0,9 - 1 \times P_0$

Criterios de selección del inversor

- Rendimiento (93% ÷ 95%)
- Fiabilidad y tiempo de vida (garantía)
- Autoconsumo (< 0,5% de PN)
- Nivel de irradiación mínima de conexión
- Calidad de la señal
- Índice de protección
- Volumen
- Peso

Características de los inversores

Comparación de inversores				
Fabricante				
Módelo				
Potencia nominal CA (W)				
Tensión de entrada CC (V)				
Tensión de salida CA (V)				
Rango punto máx. potencia PMP (V)				
Potencia máxima de entrada CC (Wp)				
Intensidad máxima de entrada (A)				
Rango de potencia FV recomendado (Wp)				
Potencia de inicio de inyección (W)				
Máx. Tensión entrada en vacio CC (V)				
Tensión de conexión CC (V)				
Tensión de desconexión (V)				
Intensidad nominal CA (A)				
Factor de potencia (cos ϕ)				
Rango de frecuencia (Hz)				
Distorsión armónica Pn (%)				
Forma de onda				
Fases conectadas a la Red				

Configuración del campo fotovoltaico

Tensiones máximas y mínimas del campo fotovoltaico

$$U_{oc(max)} = U_{oc(CEM)} + \Delta U.(\theta_{min} - 25)$$

$$U_{pmp(max)} = U_{pmp(CEM)} + \Delta U.(\theta_{min} - 25)$$

$$U_{oc(min)} = U_{oc(CEM)} + \Delta U.(\theta_{max} - 25)$$

$$U_{pmp(min)} = U_{pmp(CEM)} + \Delta U.(\theta_{max} - 25)$$

θ_{min} = Temperatura ambiente mínima registrada + TNOC - 20

θ_{max} = Temperatura ambiente máxima registrada + TNOC - 20

25 = Temperatura CEM de módulo

ΔU = Coeficiente de temperatura del módulo (V/ º C)

Configuración del campo fotovoltaico

Determinación del número de módulos en serie: Ns

$$N_s < U_{cc(max\ INV)} / U_{oc(max)} \qquad N_s < U_{pmp(max\ INV)} / U_{pmp(max)}$$

$$N_s < U_{max\ sist} / U_{oc(max)}$$

$$N_s > U_{cc(min\ INV)} / U_{oc(min)} \qquad N_s > U_{pmp(min\ INV)} / U_{pmp(min}$$

Configuración del campo fotovoltaico

Número de módulos totales

$$N_T = W_{(máxima\ de\ entrada\ al\ inversor)} / W_{p(módulo)}$$

Número de módulos en paralelo

$$N_p = N_T / N_s$$
$$N_p \leq I_{cc\ (máxima\ de\ entrada\ al\ inversor)} / I_{sc(módulo)}$$

Potencia pico del generador fotovoltaico

$$W_p \approx P_{N(INV)} / k$$
k = 0,8 ÷ 0,9 sin seguimiento y 0,9 ÷ 1 con seguimiento

Configuraciones campo fotovoltaico - inversor

Asociación serie – paralelo e inversor monofásico

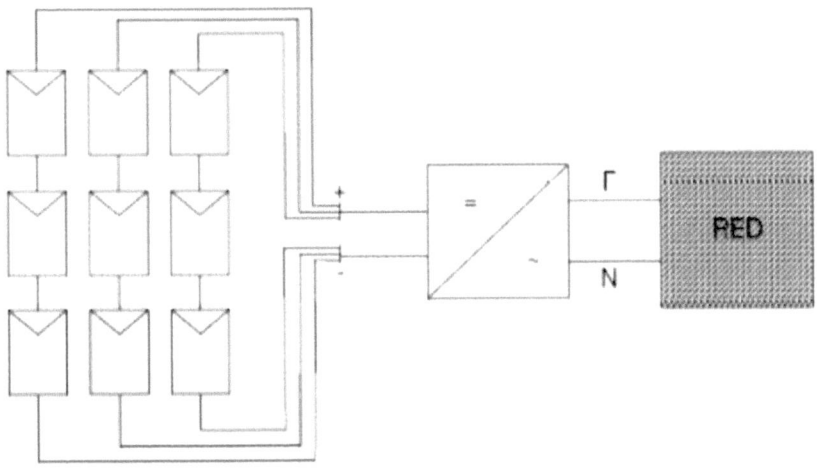

Configuraciones campo fotovoltaico - inversor

Asociación serie – paralelo e inversor trifásico

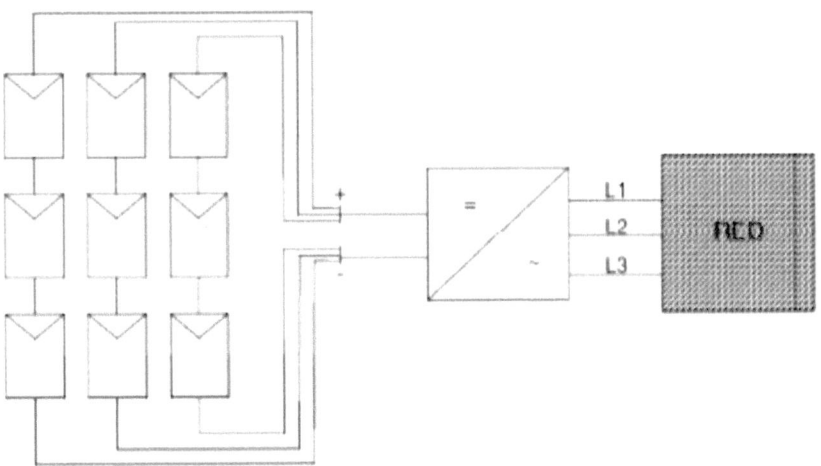

Configuración con
inversor serie

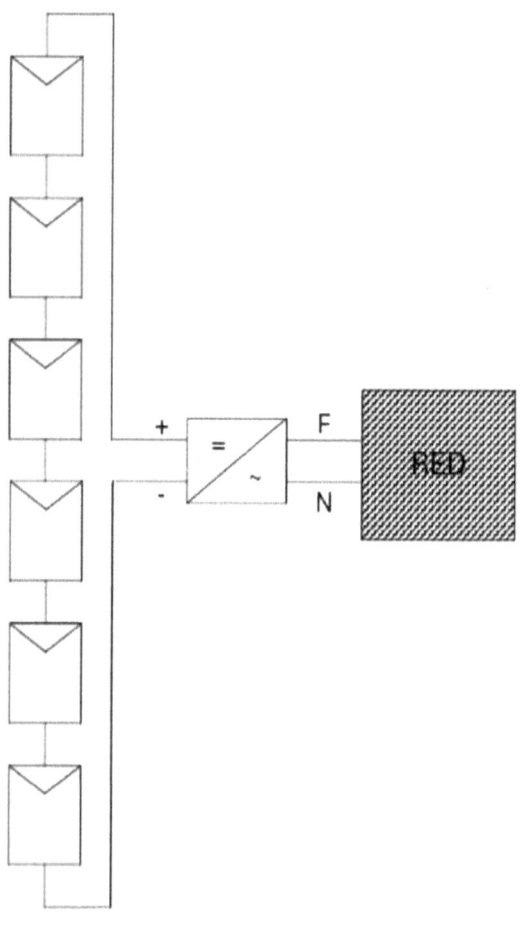

Configuración con
varios inversores
serie monofásicos

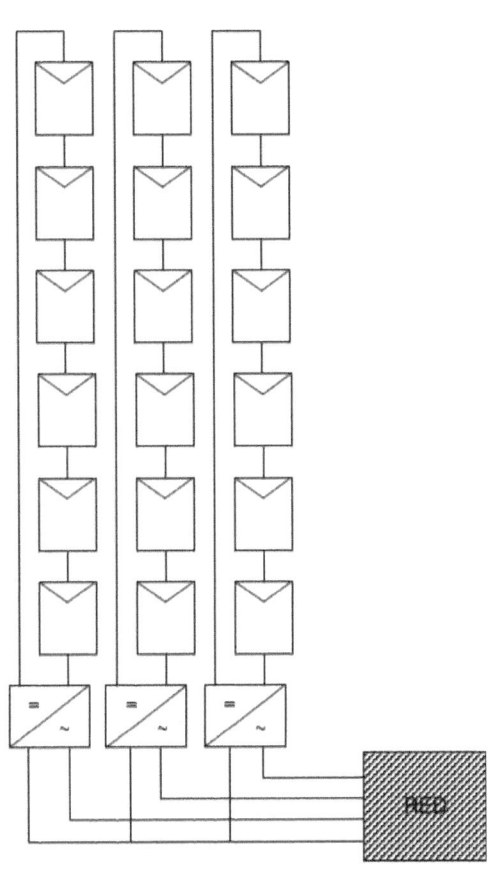

Configuración con inversor multi-serie

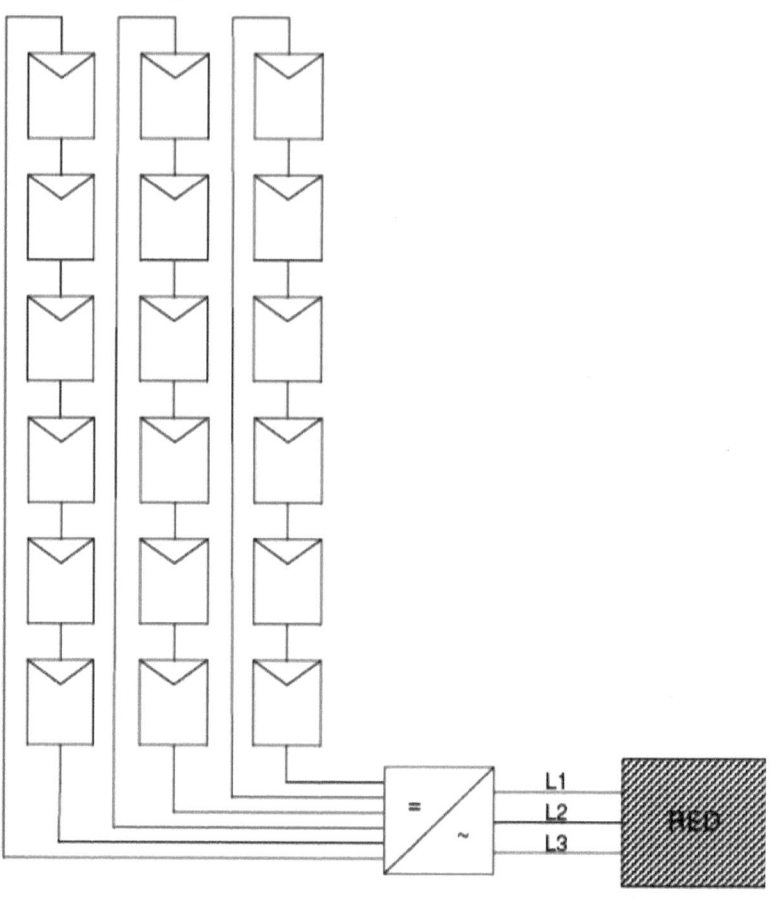

Configuraciones campo fotovoltaico - inversor

Configuración con inversores maestro - esclavo

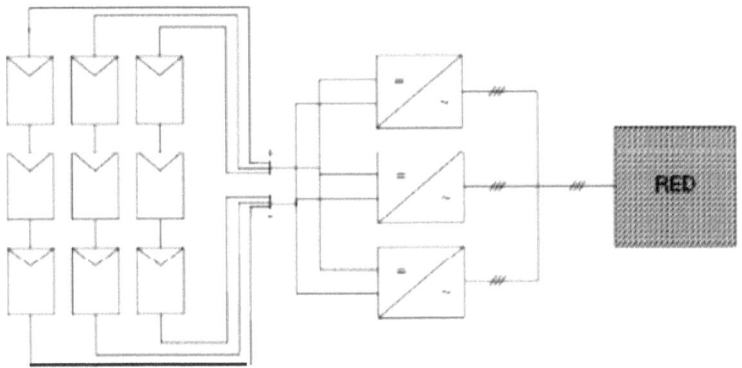

Energía eléctrica producida

• Análisis energético de un SFVCR.

• Estimación de las pérdidas energéticas.

• Cálculo de la energía producida.

• Cálculo de las pérdidas por orientación e inclinación del generador distinta a la óptima.

• Cálculo de las pérdidas de radiación solar por sombras.

Inclinación y orientación

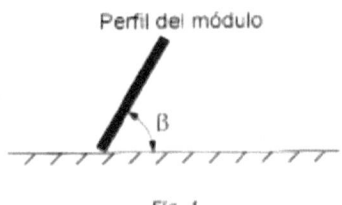

Perfil del módulo

Fig. 1

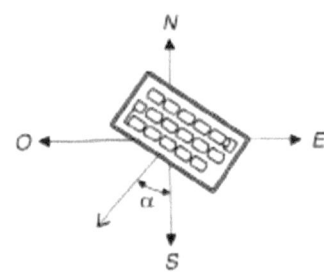

Inclinación y orientación del generador

• Inclinación β = ángulo que forma la superficie de los módulos con el plano horizontal. Su valor es 0° para módulos horizontales y 90° para verticales.

• Ángulo azimutal o azimut α: es al ángulo entre la proyección sobre el plano horizontal de la normal a la superficie del módulo y el meridiano del lugar. Sus valores están entre 0° para módulos orientados al sur, -90° para módulos orientados al este y +90° para módulos orientados al oeste.

Pérdidas por orientación, inclinación y sombras

Tabla I

	Orientación e inclinación (OI)	Sombras (S)	Total (OI + S)
General	10%	10%	15%
Superposición	20%	15%	30%
Integración arquitectónica	40%	20%	50%

Índices de producción y rendimiento global de la instalación (PR)

Índice de producción = horas equivalentes
Índice de producción de referencia $Y_{R (h/\tau)}$
Índice de producción del campo fotovoltaico $Y_{A (h/\tau)}$
Índice de producción final $Y_{F (h/\tau)}$

Rendimiento Global – PR
Relación entre la energía neta generada y la energía disponible
$$PR = Y_F / Y_R$$

- Es independiente de la potencia instalada
- Es relativamente independiente del emplazamiento
- Es el parámetro básico de comparación entre instalaciones

- Sombreamiento
- Transparencia
  - ➢ **Suciedad (3% ÷ 5% en Madrid)**
  - ➢ **Transmitancia (3% ÷ 4%)**
  - ➢ **Efecto espectral (1% ÷2% Si-c) (2% ÷ 4% Si-a)**
  - ➢ **Eficiencia a baja iradiancia (1%)**
- Temperatura
- Diferencia entre potencia real y nominal (2% ÷ 4%)
- Cableado y conexiones de corriente continua
- Inversor (rendimiento, no trabajar en el pmp)
- Cableado y conexiones de corriente alterna
- Fallos del sistema

Estimación de pérdidas en sistemas fotovoltaicos

Concepto	Factor de pérdidas	Valor medio
Sombreamiento	F_s	1
Transparencia	F_T	1
Perdidas por temperatura	F_θ	0,94
Pérdidas por potencia real < a P nominal	F_p	0,98
Pérdidas en el cableado de CC	F_{CC}	0,99
Pérdidas en el inversor	η	0,92
Pérdidas en el cableado de CA	F_{CA}	0,99
Pérdidas por fallos del sistema	F_F	0,99
Total	PR	0,82

Calculo de la energía producida

Energía producida

$$E_p = (G_{dm}(\alpha\beta) \cdot W_{pG} \cdot PR)/G_{CEM}$$

E_p = Energía eléctrica producida (kWh/d) media diaria para cada mes

$G_{dm}(\alpha\beta)$ = Horas de Sol Pico (HSP) para acimut e inclinación del campo

W_{pG} = Potencia pico del generador

G_{CEM} = 100 W/m2

Cálculo de la producción anual esperada

Mes	$G_{dm}(0)$ [kWh/(m2 día)]	$G_{dm}(\alpha=0^o, \beta=30^o)$ [kWh/(m2 día)]	PR (IDAE)	E_p kWh/día	E_p kWh/mes
Enero	1,767	2,731	0,851	12,272	380,4211
Febrero	2,722	3,762	0,844	16,766	469,4387
Marzo	3,931	4,756	0,801	20,115	623,5627
Abril	5,431	5,808	0,802	24,596	737,8721
Mayo	5,884	5,757	0,796	24,197	750,1043
Junio	6,536	6,149	0,768	24,936	748,0873
Julio	7,187	6,879	0,753	27,349	847,8302
Agosto	6,385	6,618	0,757	26,453	820,0496
Septiembre	4,477	5,177	0,769	21,021	630,6354
Octubre	2,989	3,923	0,807	16,717	518,2322
Noviembre	2,035	3,072	0,837	13,577	407,3177
Diciembre	1,732	2,948	0,850	13,230	410,1184
Promedio	4,256	4,799	0,803	20,102	
TOTAL AÑO					7.343,67

Producción anual esperada

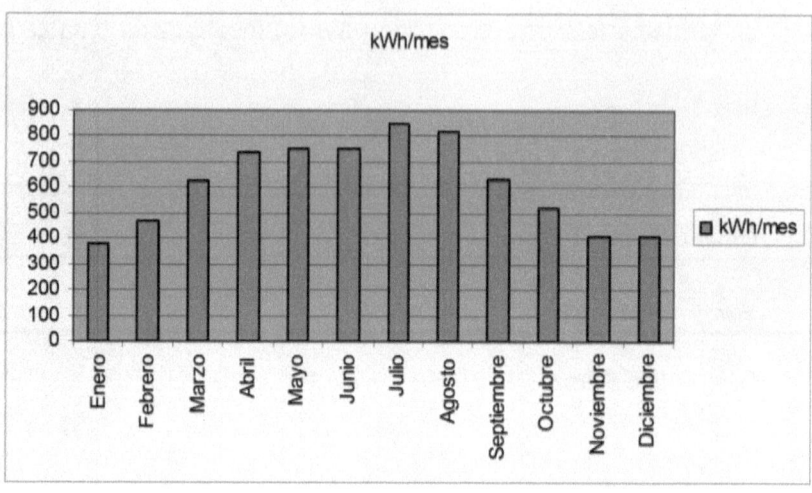

Instalaciones eléctricas

- Componentes de la instalación eléctrica
- Canalizaciones
- Caída de tensión en los conductores
- Cálculo de la sección por caída de tensión
- Protecciones
- Esquema eléctrico unifilar

Componentes de la instalación FV

Instalaciones eléctricas

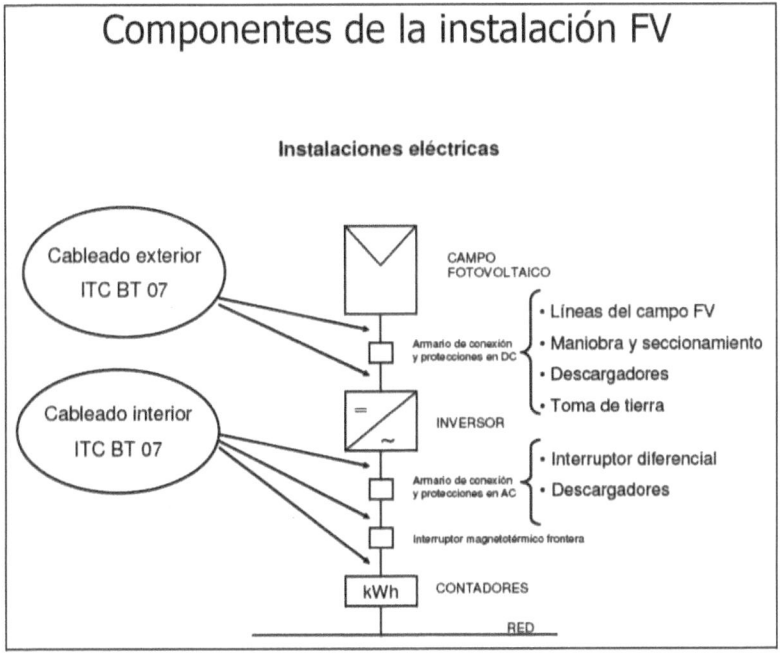

Conductores: Caídas de tensión

Instalaciones eléctricas

Conductores: caídas de tensión

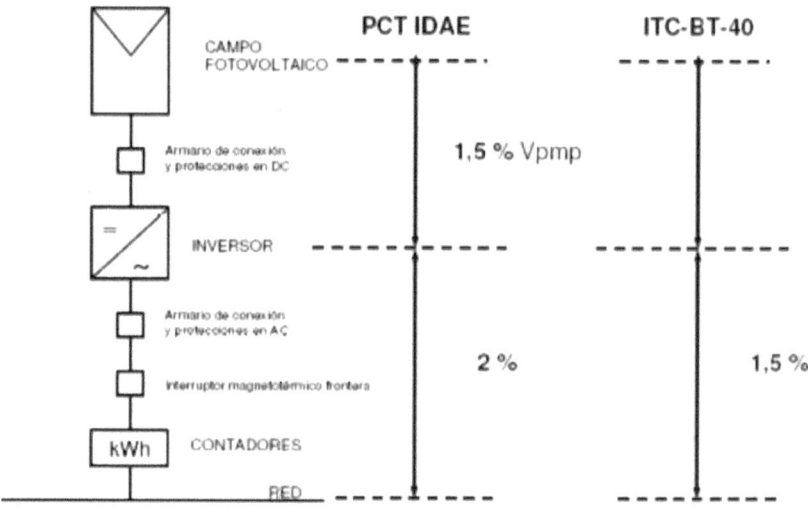

Instalaciones eléctricas

Conductores: Cálculo sección por caída de tensión

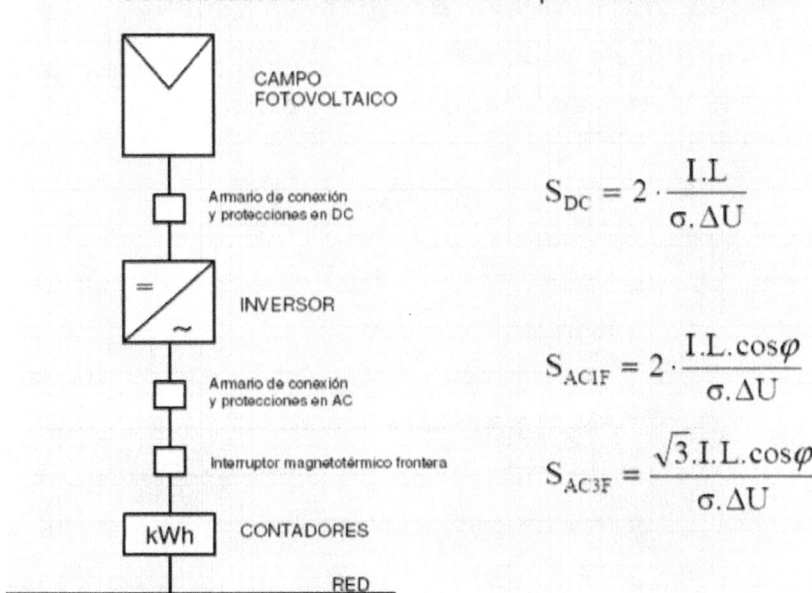

$$S_{DC} = 2 \cdot \frac{I.L}{\sigma. \Delta U}$$

$$S_{AC1F} = 2 \cdot \frac{I.L.\cos\varphi}{\sigma. \Delta U}$$

$$S_{AC3F} = \frac{\sqrt{3}.I.L.\cos\varphi}{\sigma. \Delta U}$$

Protecciones de personas

Protección de personas en el circuito de CC

• Contra contactos directos

Índices de protección (IP) adecuados y montaje correcto

• Contra contactos indirectos

Doble aislamiento y sistema de puesta a tierra adecuado

• Instalación aislada de tierra y vigilante de aislamiento (ni positivo, ni negativo a tierra)

Instalación conectada a tierra (punto de tensión media)

• Si UCC > 120 V ⇒Campo fotovoltaico no accesible

Protección de personas en el circuito de CA

• Índices de protección adecuados

• Red TT (puesta a tierra más interruptor diferencial

Protección contra contactos indirectos

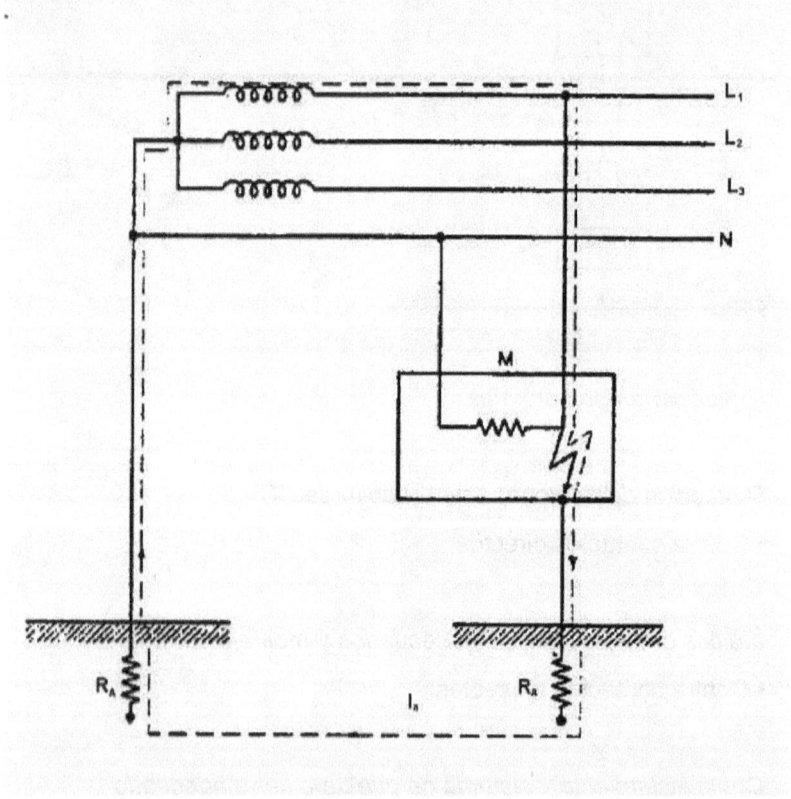

Protecciones de la instalación

Interruptores magnetotérmicos				Diferenciales	
Conductor	Calibre PIA			Sensibilidad mA	
Φ mm2	Amperios			5	
1,5	10			10	
2,5	16			30	
4	20			Calibre	> = PIA
6	25				
10	32				
16	40				
25	50				
35	63				
50	80				
70	100				
95	125				
120	160				
150	200				
185	250				
240	315				
300	400				

Instalaciones conectadas a red

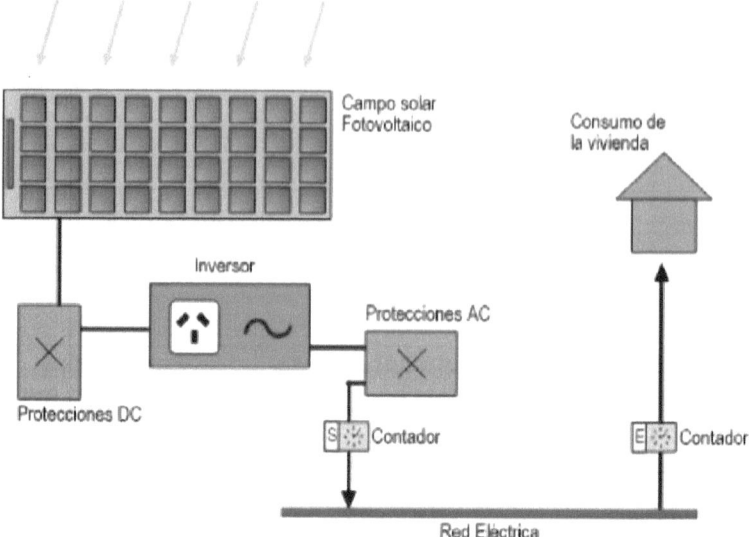

Diseño del generador fotovoltaico

Todos los módulos que integren la instalación serán del mismo modelo, o en el caso de modelos distintos, el diseño debe garantizar totalmente la compatibilidad entre ellos y la ausencia de efectos negativos en la instalación por dicha causa.

En aquellos casos excepcionales en que se utilicen módulos no cualificados, deberá justificarse debidamente y aportar documentación sobre las pruebas y ensayos a los que han sido sometidos.

En todos los casos han de cumplirse las normas vigentes de obligado cumplimiento.

Orientación e inclinación y sombras

La orientación e inclinación del generador fotovoltaico y las posibles sombras sobre el mismo serán tales que las pérdidas sean inferiores a los límites de la tabla.

Se considerarán tres casos: general, superposición de módulos e integración arquitectónica. En todos los casos se han de cumplir tres condiciones: pérdidas por orientación e inclinación, pérdidas por sombreado y pérdidas totales inferiores a los límites estipulados respecto a los valores óptimos.

	Orientación e inclinación (OI)	Sombras (S)	Total (OI + S)
General	10 %	10 %	15 %
Superposición	20 %	15 %	30 %
Integración arquitectónica	40 %	20 %	50 %

En todos los casos deberán evaluarse las pérdidas por orientación e inclinación del generador y sombras.

Cuando existan varias filas de módulos, el cálculo de la distancia mínima entre ellas se realizará según lo estipulado en normativa.

Diseño del sistema de monitorización

El sistema de monitorización, cuando se instale de acuerdo a la convocatoria, proporcionará medidas, como mínimo, de las siguientes variables:

–Voltaje y corriente CC a la entrada del inversor.

–Voltaje de fase/s en la red, potencia total de salida del inversor.

–Radiación solar en el plano de los módulos, medida con un módulo o una célula de tecnología equivalente.

–Temperatura ambiente en la sombra.

–Potencia reactiva de salida del inversor para instalaciones mayores de 5 kWp.

–Temperatura de los módulos en integración arquitectónica y, siempre que sea posible, en potencias mayores de 5 kW.

Los datos se presentarán en forma de medias horarias. Los tiempos de adquisición, la precisión de las medidas y el formato de presentación se hará conforme al documento del JRC-Ispra "Guidelines for the Assessment of Photovoltaic Plants - Document A", Report EUR16338 EN.

El sistema de monitorización será fácilmente accesible para el usuario.

Integración arquitectónica

En el caso de pretender realizar una instalación integrada desde el punto de vista arquitectónico, la Memoria de Solicitud y la Memoria de Diseño o Proyecto especificarán las condiciones de la construcción y de la instalación, y la descripción y justificación de las soluciones elegidas.

Las condiciones de la construcción se refieren al estudio de características urbanísticas, implicaciones en el diseño, actuaciones sobre la construcción, necesidad de realizar obras de reforma o ampliación, verificaciones estructurales, etc. que, desde el punto de vista del profesional competente en la edificación, requerirían su intervención.

Las condiciones de la instalación se refieren al impacto visual, la modificación de las condiciones de funcionamiento del edificio, la necesidad de habilitar nuevos espacios o ampliar el volumen construido, efectos sobre la estructura, etc.

Cuando sea necesario a la Memoria de Diseño o Proyecto se adjuntará el informe de integración arquitectónica donde se especifiquen las características urbanísticas y arquitectónicas del mismo, los condicionantes considerados para la incorporación de la instalación y las medidas correctoras incluidas en el proyecto de la instalación.

Componentes y materiales

Como principio general se ha de asegurar, como mínimo, un grado de aislamiento eléctrico de tipo básico clase I en lo que afecta tanto a equipos (módulos e inversores), como a materiales (conductores, cajas y armarios de conexión), exceptuando el cableado de continua, que será de doble aislamiento.

La instalación incorporará todos los elementos y características necesarios para garantizar en todo momento la calidad del suministro eléctrico.

El funcionamiento de las instalaciones fotovoltaicas no deberá provocar en la red averías, disminuciones de las condiciones de seguridad ni alteraciones superiores a las admitidas por la normativa que resulte aplicable.

Asimismo, el funcionamiento de estas instalaciones no podrá dar origen a condiciones peligrosas de trabajo para el personal de mantenimiento y explotación de la red de distribución.

Los materiales situados en intemperie se protegerán contra los agentes ambientales, en particular contra el efecto de la radiación solar y la humedad.

Se incluirán todos los elementos necesarios de seguridad y protecciones propias de las personas y de la instalación fotovoltaica, asegurando la protección frente a contactos directos e indirectos, cortocircuitos, sobrecargas, así como otros elementos y protecciones que resulten de la aplicación de la legislación vigente.

En la Memoria de Diseño o Proyecto se resaltarán los cambios que hubieran podido producirse respecto a la Memoria de Solicitud, y el motivo de los mismos. Además, se incluirán las fotocopias de las especificaciones técnicas proporcionadas por el fabricante de todos los componentes.

Por motivos de seguridad y operación de los equipos, los indicadores, etiquetas, etc. de los mismos estarán en alguna de las lenguas españolas oficiales del lugar de la instalación.

Sistemas generadores fotovoltaicos

Todos los módulos deberán satisfacer las especificaciones UNE-EN 61215 para módulos de silicio cristalino, o UNE-EN 61646 para módulos fotovoltaicos capa delgada, así como estar cualificados por algún laboratorio reconocido (por ejemplo, Laboratorio de Energía Solar Fotovoltaica del Departamento de Energías Renovables del CIEMAT, Joint Research Centre Ispra, etc.), lo que se acreditará mediante la presentación del certificado oficial correspondiente.

El módulo fotovoltaico llevará de forma claramente visible e indeleble el modelo y nombre o logotipo del fabricante, así como una identificación individual o número de serie trazable a la fecha de fabricación.

Se utilizarán módulos que se ajusten a las características técnicas descritas a continuación.

Los módulos deberán llevar los diodos de derivación para evitar las posibles averías de las células y sus circuitos por sombreados parciales y tendrán un grado de protección IP65.

Los marcos laterales, si existen, serán de aluminio o acero inoxidable. Para que un módulo resulte aceptable, su potencia máxima y corriente de cortocircuito reales referidas a condiciones estándar deberán estar comprendidas en el margen del ± 10 % de los correspondientes valores nominales de catálogo.

Será rechazado cualquier módulo que presente defectos de fabricación como roturas o manchas en cualquiera de sus elementos así como falta de alineación en las células o burbujas en el encapsulante.

Se valorará positivamente una alta eficiencia de las células.

La estructura del generador se conectará a tierra.

Por motivos de seguridad y para facilitar el mantenimiento y reparación del generador, se instalarán los elementos necesarios (fusibles, interruptores, etc.) para la desconexión, de forma independiente y en ambos terminales, de cada una de las ramas del resto del generador.

Estructura y soporte

Las estructuras soporte deberán cumplir las especificaciones de este apartado.

En todos los casos se dará cumplimiento a lo obligado por la NBE y demás normas aplicables.

La estructura soporte de módulos ha de resistir, con los módulos instalados, las sobrecargas del viento y nieve, de acuerdo con lo indicado en la normativa básica de la edificación NBE-AE-88.

El diseño y la construcción de la estructura y el sistema de fijación de módulos, permitirá las necesarias dilataciones térmicas, sin transmitir cargas que puedan afectar a la integridad de los módulos, siguiendo las indicaciones del fabricante.

Los puntos de sujeción para el módulo fotovoltaico serán suficientes en número, teniendo en cuenta el área de apoyo y posición relativa, de forma que no se produzcan flexiones en los módulos superiores a las permitidas por el fabricante y los métodos homologados para el modelo de módulo.

El diseño de la estructura se realizará para la orientación y el ángulo de inclinación especificado para el generador fotovoltaico, teniendo en cuenta la facilidad de montaje y desmontaje, y la posible necesidad de sustituciones de elementos.

La estructura se protegerá superficialmente contra la acción de los agentes ambientales. La realización de taladros en la estructura se llevará a cabo antes de proceder, en su caso, al galvanizado o protección de la estructura.

La tornillería será realizada en acero inoxidable, cumpliendo la norma MV-106. En el caso de ser la estructura galvanizada se admitirán tornillos galvanizados, exceptuando la sujeción de los módulos a la misma, que serán de acero inoxidable.

Los topes de sujeción de módulos y la propia estructura no arrojarán sombra sobre los módulos.

En el caso de instalaciones integradas en cubierta que hagan las veces de la cubierta del edificio, el diseño de la estructura y la estanquidad entre módulos se ajustará a las exigencias de las Normas Básicas de la Edificación y a las técnicas usuales en la construcción de cubiertas.

Se dispondrán las estructuras soporte necesarias para montar los módulos, tanto sobre superficie plana (terraza) como integrados sobre tejado. Se incluirán todos los accesorios y bancadas y/o anclajes.

La estructura soporte será calculada según la norma MV-103 para soportar cargas extremas debidas a factores climatológicos adversos, tales como viento, nieve, etc.

Si está construida con perfiles de acero laminado conformado en frío, cumplirá la norma MV-102 para garantizar todas sus características mecánicas y de composición química.

Si es del tipo galvanizada en caliente, cumplirá las normas UNE 37-501 y UNE 37-508, con un espesor mínimo de 80 micras para eliminar las necesidades de mantenimiento y prolongar su vida útil.

Inversores

Serán del tipo adecuado para la conexión a la red eléctrica, con una potencia de entrada variable para que sean capaces de extraer en todo momento la máxima potencia que el generador fotovoltaico puede proporcionar a lo largo de cada día.

Las características básicas de los inversores serán las siguientes:

–Principio de funcionamiento: fuente de corriente.

–Autoconmutados.

–Seguimiento automático del punto de máxima potencia del generador.

–No funcionarán en isla o modo aislado.

Los inversores cumplirán con las directivas comunitarias de Seguridad Eléctrica y Compatibilidad Electromagnética (ambas serán certificadas por el fabricante), incorporando protecciones frente a:

–Cortocircuitos en alterna.

–Tensión de red fuera de rango.

–Frecuencia de red fuera de rango.

–Sobretensiones, mediante varistores o similares.

–Perturbaciones presentes en la red como microcortes, pulsos, defectos de ciclos, ausencia y retorno de la red, etc.

Cada inversor dispondrá de las señalizaciones necesarias para su correcta operación, e incorporará los controles automáticos imprescindibles que aseguren su adecuada supervisión y manejo.

Cada inversor incorporará, al menos, los controles manuales siguientes:

–Encendido y apagado general del inversor.

–Conexión y desconexión del inversor a la interfaz CA. Podrá ser externo al inversor.

Las características eléctricas de los inversores serán las siguientes:

El inversor seguirá entregando potencia a la red de forma continuada en condiciones de irradiancia solar, un 10% superiores a las CEM. Además soportará picos de magnitud un 30% superior a las CEM durante períodos de hasta 10 segundos.

Los valores de eficiencia al 25 % y 100 % de la potencia de salida nominal deberán ser superiores al 85% y 88% respectivamente (valores medidos incluyendo el transformador de salida, si lo hubiere) para inversores de potencia inferior a 5 kW, y del 90 % al 92 % para inversores mayores de 5 kW.

El autoconsumo del inversor en modo nocturno ha de ser inferior al 0,5 % de su potencia nominal.

El factor de potencia de la potencia generada deberá ser superior a 0,95, entre el 25 % y el 100 % de la potencia nominal.

A partir de potencias mayores del 10 % de su potencia nominal, el inversor deberá inyectar en red.

Los inversores tendrán un grado de protección mínima IP 20 para inversores en el interior de edificios y lugares inaccesibles, IP 30 para inversores en el interior de edificios y lugares accesibles, y de IP 65 para inversores instalados a la intemperie. En cualquier caso, se cumplirá la legislación vigente.

Los inversores estarán garantizados para operación en las siguientes condiciones ambientales: entre 0 °C y 40 °C de temperatura y entre 0 % y 85 % de humedad relativa.

Cableado

Los positivos y negativos de cada grupo de módulos se conducirán separados y protegidos de acuerdo a la normativa vigente.

Los conductores serán de cobre y tendrán la sección adecuada para evitar caídas de tensión y calentamientos. Concretamente, para cualquier condición de trabajo, los conductores de la parte CC deberán tener la sección suficiente para que la caída de tensión sea inferior del 1,5% y los de la parte CA para que la caída de tensión sea inferior del 2%, teniendo en ambos casos como referencia las tensiones correspondientes a cajas de conexiones.

Se incluirá toda la longitud de cable CC y CA. Deberá tener la longitud necesaria para no generar esfuerzos en los diversos elementos ni posibilidad de enganche por el tránsito normal de personas.

Todo el cableado de continua será de doble aislamiento y adecuado para su uso en intemperie, al aire o enterrado, de acuerdo con la norma UNE 21123.

Conexión a red

Todas las instalaciones cumplirán con lo dispuesto en el Real Decreto 1663/2000 (artículos 8 y 9) sobre conexión de instalaciones fotovoltaicas conectadas a la red de baja tensión, y con el esquema unifilar que aparece en la Resolución de 31 de mayo de 2001.

Medidas

Todas las instalaciones cumplirán con lo dispuesto en el Real Decreto 1663/2000 (artículo 10) sobre medidas y facturación de instalaciones fotovoltaicas conectadas a la red de baja tensión.

Protecciones

Todas las instalaciones cumplirán con lo dispuesto en el Real Decreto 1663/2000 (artículo 11) sobre protecciones en instalaciones fotovoltaicas conectadas a la red de baja tensión y con el esquema unifilar que aparece en la Resolución de 31 de mayo de 2001.

En conexiones a la red trifásicas las protecciones para la interconexión de máxima y mínima frecuencia (51 y 49 Hz respectivamente) y de máxima y mínima tensión (1,1 Um y 0,85 Um respectivamente) serán para cada fase.

Puesta a tierra de las instalaciones fotovoltaicas

Todas las instalaciones cumplirán con lo dispuesto en el Real Decreto 1663/2000 (artículo 12) sobre las condiciones de puesta a tierra en instalaciones fotovoltaicas conectadas a la red de baja tensión.

Cuando el aislamiento galvánico entre la red de distribución de baja tensión y el generador fotovoltaico no se realice mediante un transformador de aislamiento, se explicarán en la Memoria de Solicitud y de Diseño o Proyecto los elementos utilizados para garantizar esta condición.

Todas las masas de la instalación fotovoltaica, tanto de la sección continua como de la alterna, estarán conectados a una única tierra. Esta tierra será independiente de la del neutro de la empresa distribuidora, de acuerdo con el Reglamento de Baja Tensión.

Armónicos y compatibilidad electromagnética

Todas las instalaciones cumplirán con lo dispuesto en el Real Decreto 1663/2000 (artículo 13), sobre armónicos y compatibilidad electromagnética en instalaciones fotovoltaicas conectadas a la red de baja tensión.

Recepción y pruebas

El instalador entregará al usuario un documento-albarán en el que conste el suministro de componentes, materiales y manuales de uso y mantenimiento de la instalación. Este documento será firmado por duplicado por ambas partes, conservando cada una un ejemplar. Los manuales entregados al usuario estarán en alguna de las lenguas oficiales españolas para facilitar su correcta interpretación.

Antes de la puesta en servicio de todos los elementos principales (módulos, inversores, contadores) éstos deberán haber superado las pruebas de funcionamiento en fábrica, de las que se levantará oportuna acta que se adjuntará con los certificados de calidad.

Las pruebas a realizar por el instalador, con independencia de lo indicado con anterioridad en este PCT, serán como mínimo las siguientes:

- Funcionamiento y puesta en marcha de todos los sistemas.
- Pruebas de arranque y parada en distintos instantes de funcionamiento.
- Pruebas de los elementos y medidas de protección, seguridad y alarma, así como su actuación, con excepción de las pruebas referidas al interruptor automático de la desconexión.
- Determinación de la potencia instalada.
- Concluidas las pruebas y la puesta en marcha se pasará a la fase de la Recepción Provisional de la Instalación. No obstante, el Acta de Recepción Provisional no se firmará hasta haber comprobado que todos los sistemas y elementos que forman parte del suministro han funcionado correctamente durante un mínimo de 240 horas seguidas, sin interrupciones o paradas causadas por fallos o errores del sistema suministrado, y además se hayan cumplido los siguientes requisitos:
- Entrega de toda la documentación requerida en este PCT.

- Retirada de obra de todo el material sobrante.
- Limpieza de las zonas ocupadas, con transporte de todos los desechos a vertedero.
- Durante este período el suministrador será el único responsable de la operación de los sistemas suministrados, si bien deberá adiestrar al personal de operación.
- Todos los elementos suministrados, así como la instalación en su conjunto, estarán protegidos frente a defectos de fabricación, instalación o diseño por una garantía de tres años, salvo para los módulos fotovoltaicos, para los que la garantía será de 8 años contados a partir de la fecha de la firma del acta de recepción provisional.

No obstante, el instalador quedará obligado a la reparación de los fallos de funcionamiento que se puedan producir si se apreciase que su origen procede de defectos ocultos de diseño, construcción, materiales o montaje, comprometiéndose a subsanarlos sin cargo alguno. En cualquier caso, deberá atenerse a lo establecido en la legislación vigente en cuanto a vicios ocultos.

Cálculo de la producción anual esperada

En la Memoria de Solicitud se incluirán las producciones mensuales máximas teóricas en función de la irradiancia, la potencia instalada y el rendimiento de la instalación.

Los datos de entrada que deberá aportar el instalador son los siguientes:

Gdm(0):
Valor medio mensual y anual de la irradiación diaria sobre superficie horizontal, en kWh/(m2Adía), obtenido a partir de alguna de las siguientes fuentes:
– Instituto Nacional de Meteorología
– Organismo autonómico oficial

Gdm (α,β):
Valor medio mensual y anual de la irradiación diaria sobre el plano del generador en kWh/(m2•día), obtenido a partir del anterior, y en el que se hayan descontado las pérdidas por sombreado en caso de ser éstas superiores a un 10 % anual.

Rendimiento energético de la instalación o "performance ratio", PR

Eficiencia de la instalación en condiciones reales de trabajo, que tiene en cuenta:

– La dependencia de la eficiencia con la temperatura
– La eficiencia del cableado
– Las pérdidas por dispersión de parámetros y suciedad
– Las pérdidas por errores en el seguimiento del punto de máxima potencia
– La eficiencia energética del inversor
– Otros

La estimación de la energía inyectada se realizará de acuerdo con la siguiente ecuación:

$$E_p = \frac{G_{dm}(\alpha, \beta) \ P_{mp} \ PR}{G_{CEM}} \quad kWh/día$$

Dónde:

P_{mp} = Potencia pico del generador

G_{CEM} = 1 kW/m^2

Los datos se presentarán en una tabla con los valores medios mensuales y el promedio anual, de acuerdo con el siguiente

Tabla II. Generador P_{mp} = 1 kWp, orientado al Sur (α = 0°) e inclinado 35° (β = 35°).

Mes	$G_{dm}(0)$ [kWh/(m^2·día)]	$G_{dm}(\alpha=0°, \beta=35°)$ [kWh/(m^2·día)]	PR	E_p (kWh/día)
Enero	1,92	3,12	0,851	2,65
Febrero	2,52	3,56	0,844	3,00
Marzo	4,22	5,27	0,801	4,26
Abril	5,39	5,68	0,802	4,55
Mayo	6,16	5,63	0,796	4,48
Junio	7,12	6,21	0,768	4,76
Julio	7,48	6,67	0,753	5,03
Agosto	6,60	6,51	0,757	4,93
Septiembre	5,28	6,10	0,769	4,69
Octubre	3,51	4,73	0,807	3,82
Noviembre	2,09	3,16	0,837	2,64
Diciembre	1,67	2,78	0,850	2,36
Promedio	4,51	4,96	0,794	3,94

Requerimientos técnicos del contrato de mantenimiento

Se realizará un contrato de mantenimiento preventivo y correctivo de al menos tres años.

El contrato de mantenimiento de la instalación incluirá todos los elementos de la instalación con las labores de mantenimiento preventivo aconsejados por los diferentes fabricantes.

Programa de mantenimiento

El objeto de este apartado es definir las condiciones generales mínimas que deben seguirse para el adecuado mantenimiento de las instalaciones de energía solar fotovoltaica conectadas a red.
Se definen dos escalones de actuación para englobar todas las operaciones necesarias durante la vida útil de la instalación para asegurar el funcionamiento, aumentar la producción y prolongar la duración de la misma:

–Mantenimiento preventivo
–Mantenimiento correctivo

Plan de mantenimiento preventivo:
Operaciones de inspección visual, verificación de actuaciones y otras, que aplicadas a la instalación deben permitir mantener dentro de límites aceptables las condiciones de funcionamiento, prestaciones, protección y durabilidad de la misma.

Plan de mantenimiento correctivo:

Todas las operaciones de sustitución necesarias para asegurar que el sistema funciona correctamente durante su vida útil. Incluye:

–La visita a la instalación en los plazos indicados en el punto 8.3.5.2 y cada vez que el usuario lo requiera por avería grave en la misma.

–El análisis y elaboración del presupuesto de los trabajos y reposiciones necesarias para el correcto funcionamiento de la instalación.

–Los costes económicos del mantenimiento correctivo, con el alcance indicado, forman parte del precio anual del contrato de mantenimiento. Podrán no estar incluidas ni la mano de obra ni las reposiciones de equipos necesarias más allá del período de garantía.

El mantenimiento debe realizarse por personal técnico cualificado bajo la responsabilidad de la empresa instaladora.

El mantenimiento preventivo de la instalación incluirá al menos una visita (anual para el caso de instalaciones de potencia menor de 5 kWp y semestral para el resto) en la que se realizarán las siguientes actividades:

–Comprobación de las protecciones eléctricas.

–Comprobación del estado de los módulos: comprobación de la situación respecto al proyecto original y verificación del estado de las conexiones.

–Comprobación del estado del inversor: funcionamiento, lámparas de señalizaciones, alarmas, etc.

–Comprobación del estado mecánico de cables y terminales (incluyendo cables de tomas de tierra y reapriete de bornas), pletinas, transformadores, ventiladores, extractores, uniones, reaprietes, limpieza.

Realización de un informe técnico de cada una de las visitas en el que se refleje el estado de las instalaciones y las incidencias acaecidas.

Registro de las operaciones de mantenimiento realizadas en un libro de mantenimiento, en el que constará la identificación del personal de mantenimiento (nombre, titulación y autorización de la empresa).

El suministrador garantizará la instalación durante un período mínimo de 3 años, para todos los materiales utilizados y el procedimiento empleado en su montaje. Para los módulos fotovoltaicos, la garantía mínima será de 8 años.

Medida de la potencia instalada de una central fotovoltaica conectada a la red eléctrica

Definimos la potencia instalada en corriente alterna (CA) de una central fotovoltaica (FV) conectada a la red, como la potencia de corriente alterna a la entrada de la red eléctrica para un campo fotovoltaico con todos sus módulos en un mismo plano y que opera, sin sombras, a las condiciones estándar de medida (CEM).

La potencia instalada en CA de una central fotovoltaica puede obtenerse utilizando instrumentos de medida y procedimientos adecuados de corrección de unas condiciones de operación bajo unos determinados valores de irradiancia solar y temperatura a otras condiciones de operación diferentes. Cuando esto no es posible, puede estimarse la potencia instalada utilizando datos de catálogo y de la instalación, y realizando algunas medidas sencillas con una célula solar calibrada, un termómetro, un voltímetro y una pinza amperimétrica. Si tampoco se dispone de esta instrumentación, puede usarse el propio contador de energía. En este mismo orden, el error de la estimación de la potencia instalada será cada vez mayor.

Procedimiento de medida

Se describe a continuación el equipo necesario para calcular la potencia instalada:

- 1 célula solar calibrada de tecnología equivalente
- 1 termómetro de mercurio de temperatura ambiente
- 1 multímetro de corriente continua (CC) y corriente alterna (CA)
- 1 pinza amperimétrica de CC y CA

El propio inversor actuará de carga del campo fotovoltaico en el punto de máxima potencia.

Las medidas se realizarán en un día despejado, en un margen de ±2 horas alrededor del mediodía solar.

Se realizará la medida con el inversor encendido para que el punto de operación sea el punto de máxima potencia.

Se medirá con la pinza amperimétrica la intensidad de CC de entrada al inversor y con un multímetro la tensión de CC en el mismo punto. Su producto es Pcc, inv.

El valor así obtenido se corrige con la temperatura y la irradiancia usando las ecuaciones (2) y (3).

La temperatura ambiente se mide con un termómetro de mercurio, a la sombra, en una zona próxima a los módulos FV. La irradiancia se mide con la célula (CTE) situada junto a los módulos y en su mismo plano.

Finalmente, se corrige esta potencia con las pérdidas.

$$P_{cc,\,inv} = P_{cc,\,fov}\,(1 - L_{cab})$$

$$P_{cc,\,fov} = P_o\,R_{to,\,var}\,[1 - g\,(T_c - 25)]\,E\,/\,1000$$

$$T_c = T_{amb} + (TONC - 20)\,E\,/\,800$$

Ecuaciones (1), (2) y (3)

$P_{cc,\,fov}$ Potencia de CC inmediatamente a la salida de los paneles FV, en W.

L_{cab} Pérdidas de potencia en los cableados de CC entre los paneles FV y la entrada del inversor, incluyendo, además, las pérdidas en fusibles, conmutadores, conexiona dos, diodos antiparalelo si hay, etc.

E Irradiancia solar, en W/m^2, medida con la CTE calibrada.

g Coeficiente de temperatura de la potencia, en 1/ °C

T_c Temperatura de las células solares, en °C.

T_{amb} Temperatura ambiente en la sombra, en °C, medida con el termómetro.

TONC Temperatura de operación nominal del módulo.

P_o Potencia nominal del generador en CEM, en W.

$R_{to,\,var}$ Rendimiento, que incluye los porcentajes de pérdidas debidas a que los módulos fotovoltaicos operan, normalmente, en condiciones diferentes de las CEM.

L_{tem} Pérdidas medias anuales por temperatura. En la ecuación (2) puede sustituirse el término [1 − g (T_c − 25)] por (1 − L_{tem}).

$$R_{to, var} = (1 - L_{pol}) (1 - L_{dis}) (1 - L_{ref}) \qquad (4)$$

L_{pol} Pérdidas de potencia, debidas al polvo sobre los módulos FV.

L_{dis} Pérdidas de potencia por dispersión de parámetros entre módulos.

L_{ref} Pérdidas de potencia por reflectancia angular espectral, cuando se utiliza un piranómetro como referencia de medidas.

Si se utiliza una célula de tecnología equivalente (CTE), el término L_{ref} es cero.

Se indican a continuación los valores de los distintos coeficientes:

Todos los valores indicados pueden obtenerse de las medidas directas.

Si no es posible realizar medidas, pueden obtenerse, parte de ellos, de los catálogos de características técnicas de los fabricantes.

Cuando no se dispone de otra información más precisa pueden usarse los valores indicados en la tabla:

Parámetro	Valor estimado media anual	Valor estimado día despejado (*)	Ver observación
L_{cab}	0,02	0,02	(1)
$g\ (1/°C)$	–	0,0035 (**)	–
$TONC\ (°C)$	–	45	–
L_{tem}	0,08	–	(2)
L_{pol}	0,03	–	(3)
L_{dis}	0,02	0,02	–
L_{ref}	0,03	0,01	(4)

(*) Al mediodía solar ± 2 h de un día despejado

(**) Válido para silicio cristalino

Cálculo de las pérdidas por orientación e inclinación del generador distinta de la óptima

El objeto de este anexo es determinar los límites en la orientación e inclinación de los módulos de acuerdo a las pérdidas máximas permisibles por este concepto en el PCT.

Las pérdidas por este concepto se calcularán en función de:

–Ángulo de inclinación β, definido como el ángulo que forma la superficie de los módulos con el plano horizontal (figura 1). Su valor es 0° para módulos horizontales y 90° para verticales.

–Ángulo de azimut α, definido como el ángulo entre la proyección sobre el plano horizontal de la normal a la superficie del módulo y el meridiano del lugar (figura 2).

Valores típicos son 0° para módulos orientados al sur, –90° para módulos orientados al este y +90° para módulos orientados al oeste.

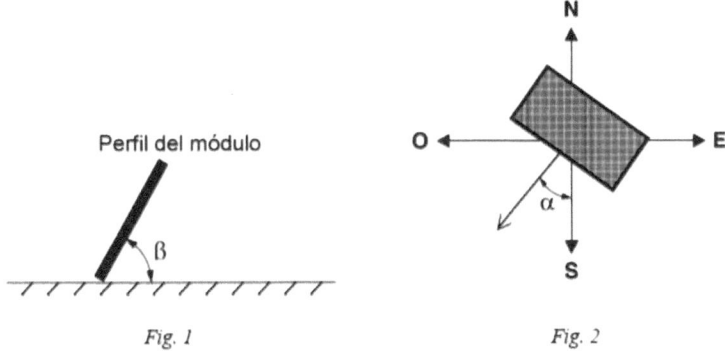

Perfil del módulo

Fig. 1

Fig. 2

Procedimiento

Habiendo determinado el ángulo de azimut del generador, se calcularán los límites de inclinación aceptables de acuerdo a las pérdidas máximas respecto a la inclinación óptima establecidas en el PCT. Para ello se utilizará la figura 3, válida para una latitud, N, de 41°, de la siguiente forma:

–Conocido el azimut, determinamos en la figura 3 los límites para la inclinación en el caso de N = 41°. Para el caso general, las pérdidas máximas por este concepto son del 10 %; para superposición, del 20 %, y para integración arquitectónica del 40 %. Los puntos de intersección del límite de pérdidas con la recta de azimut nos proporcionan los valores de inclinación máxima y mínima.

Si no hay intersección entre ambas, las pérdidas son superiores a las permitidas y la instalación estará fuera de los límites. Si ambas curvas se intersectan, se obtienen los valores para latitud N = 41°.

Se corregirán los límites de inclinación aceptables en función de la diferencia entre la latitud del lugar en cuestión y la de 41°, de acuerdo a las siguientes fórmulas:

Inclinación máxima = Inclinación ($\phi = 41°$) − (41° − latitud)

Inclinación mínima = Inclinación ($\phi = 41°$) − (41° − latitud), siendo 0° su valor mínimo.

En casos cerca del límite, y como instrumento de verificación, se utilizará la siguiente fórmula:

Pérdidas (%) = $100 \times [1,2 \times 10^{-4} (\beta - \phi + 10)^2 + 3,5 \times 10^{-5} \alpha^2]$ para $15° < \beta < 90°$

Pérdidas (%) = $100 \times [1,2 \times 10^{-4} (\beta - \phi + 10)^2]$ para $\beta \leq 15°$

[Nota: α, β, ϕ se expresan en grados, siendo ϕ la latitud del lugar]

Ejemplo de cálculo

Supongamos que se trata de evaluar si las pérdidas por orientación e inclinación del generador están dentro de los límites permitidos para una instalación fotovoltaica en un tejado orientado 15° hacia el Oeste (azimut = +15°) y con una inclinación de 40° respecto a la horizontal, para una localidad situada en el Archipiélago Canario cuya latitud es de 29°.

Conocido el azimut, cuyo valor es +15°, determinamos en la figura 3 los límites para la inclinación para el caso de $\phi = 41°$. Los puntos de intersección del límite de pérdidas del 10 % (borde exterior de la región 90 % - 95 %), máximo para el caso general, con la recta de azimut 15° nos proporcionan los valores (ver figura 4):

>   Inclinación máxima = 60°

>   Inclinación mínima = 7°

Corregimos para la latitud del lugar:

>   Inclinación máxima = 60 ° – (41° – 29°) = 48°

>   Inclinación mínima = 7 ° – (41° – 29°) = –5°, que está fuera de rango y se toma, por lo tanto, inclinación mínima = 0°.

Por tanto, esta instalación, de inclinación 40°, cumple los requisitos de pérdidas por orientación e inclinación.

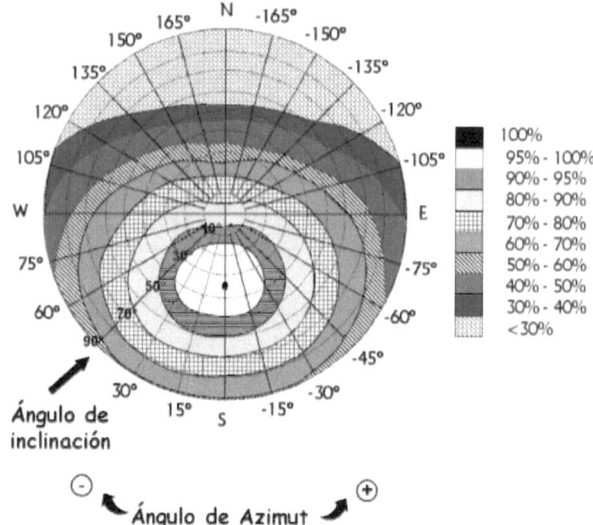

Fig. 3

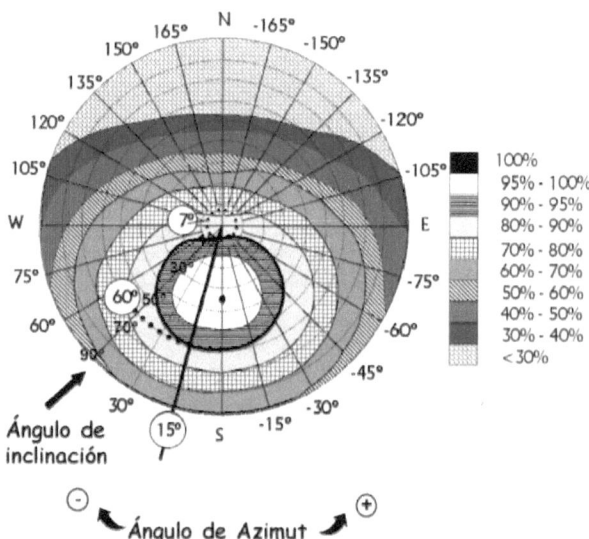

Fig. 4. Resolución del ejemplo.

Cálculo de las pérdidas de radiación solar por sombras

El presente anexo describe un método de cálculo de las pérdidas de radiación solar que experimenta una superficie debidas a sombras circundantes. Tales pérdidas se expresan como porcentaje de la radiación solar global que incidiría sobre la mencionada superficie de no existir sombra alguna.

El procedimiento consiste en la comparación del perfil de obstáculos que afecta a la superficie de estudio con el diagrama de trayectorias del Sol. Los pasos a seguir son los siguientes:

· Obtención del perfil de obstáculos

· Localización de los principales obstáculos que afectan a la superficie, en términos de sus coordenadas de posición azimut (ángulo de desviación con respecto a la dirección Sur) y elevación (ángulo de inclinación con respecto al plano horizontal). Para ello puede utilizarse un teodolito.

· Representación del perfil de obstáculos

· Representación del perfil de obstáculos en el diagrama de la figura 5, en el que se muestra la banda de trayectorias del Sol a lo largo de todo el año, válido para localidades de la Península Ibérica y Baleares (para las Islas Canarias el diagrama debe desplazarse 12° en sentido vertical ascendente). Dicha banda se encuentra dividida en porciones, delimitadas por las horas solares (negativas antes del mediodía solar y positivas después de éste) e identificadas por una letra y un número (A1, A2,..., D14).

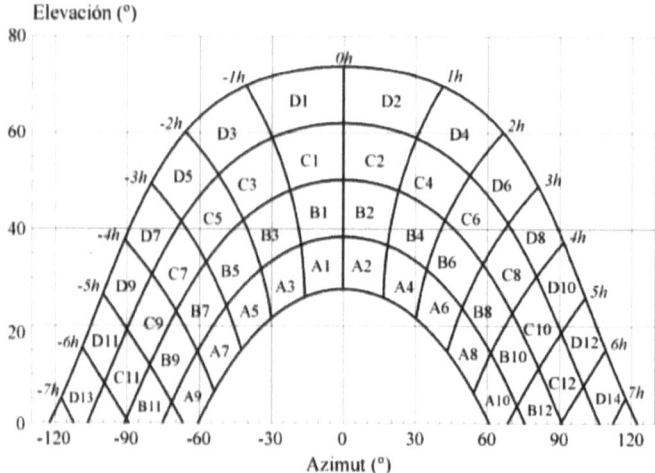

Fig. 5. Diagrama de trayectorias del Sol. [Nota: los grados de ambas escalas son sexagesimales].

Selección de la tabla de referencia para los cálculos

Cada una de las porciones de la figura 5 representa el recorrido del Sol en un cierto período de tiempo (una hora a lo largo de varios días) y tiene, por tanto, una determinada contribución a la irradiación solar global anual que incide sobre la superficie de estudio.

Así, el hecho de que un obstáculo cubra una de las porciones supone una cierta pérdida de irradiación, en particular aquella que resulte interceptada por el obstáculo.

Cálculo final

La comparación del perfil de obstáculos con el diagrama de trayectorias del Sol permite calcular las pérdidas por sombreado de la irradiación solar global que incide sobre la superficie, a lo largo de todo el año.

Para ello se han de sumar las contribuciones de aquellas porciones que resulten total o parcialmente ocultas por el perfil de obstáculos representado.

En el caso de ocultación parcial se utilizará el factor de llenado (fracción oculta respecto del total de la porción) más próximo a los valores: 0,25, 0,50, 0,75 ó 1.

Tablas de referencia

Las tablas incluidas en esta sección se refieren a distintas superficies caracterizadas por sus ángulos de inclinación y orientación (β y α, respectivamente).

Deberá escogerse aquella que resulte más parecida a la superficie de estudio.

Los números que figuran en cada casilla se corresponden con el porcentaje de irradiación solar global anual que se perdería si la porción correspondiente resultase interceptada por un obstáculo.

Tabla V-1

β = 35° α = 0°	A	B	C	D
13	0,00	0,00	0,00	0,03
11	0,00	0,01	0,12	0,44
9	0,13	0,41	0,62	1,49
7	1,00	0,95	1,27	2,76
5	1,84	1,50	1,83	3,87
3	2,70	1,88	2,21	4,67
1	3,15	2,12	2,43	5,04
2	3,17	2,12	2,33	4,99
4	2,70	1,89	2,01	4,46
6	1,79	1,51	1,65	3,63
8	0,98	0,99	1,08	2,55
10	0,11	0,42	0,52	1,33
12	0,00	0,02	0,10	0,40
14	0,00	0,00	0,00	0,02

Tabla V-2

β = 0° α = 0°	A	B	C	D
13	0,00	0,00	0,00	0,18
11	0,00	0,01	0,18	1,05
9	0,05	0,32	0,70	2,23
7	0,52	0,77	1,32	3,56
5	1,11	1,26	1,85	4,66
3	1,75	1,60	2,20	5,44
1	2,10	1,81	2,40	5,78
2	2,11	1,80	2,30	5,73
4	1,75	1,61	2,00	5,19
6	1,09	1,26	1,65	4,37
8	0,51	0,82	1,11	3,28
10	0,05	0,33	0,57	1,98
12	0,00	0,02	0,15	0,96
14	0,00	0,00	0,00	0,17

Tabla V-3

β = 90° α = 0°	A	B	C	D
13	0,00	0,00	0,00	0,15
11	0,00	0,01	0,02	0,15
9	0,23	0,50	0,37	0,10
7	1,66	1,06	0,93	0,78
5	2,76	1,62	1,43	1,68
3	3,83	2,00	1,77	2,36
1	4,36	2,23	1,98	2,69
2	4,40	2,23	1,91	2,66
4	3,82	2,01	1,62	2,26
6	2,68	1,62	1,30	1,58
8	1,62	1,09	0,79	0,74
10	0,19	0,49	0,32	0,10
12	0,00	0,02	0,02	0,13
14	0,00	0,00	0,00	0,13

Tabla V-4

β = 35° α = 30°	A	B	C	D
13	0,00	0,00	0,00	0,10
11	0,00	0,00	0,03	0,06
9	0,02	0,10	0,19	0,56
7	0,54	0,55	0,78	1,80
5	1,32	1,12	1,40	3,06
3	2,24	1,60	1,92	4,14
1	2,89	1,98	2,31	4,87
2	3,16	2,15	2,40	5,20
4	2,93	2,08	2,23	5,02
6	2,14	1,82	2,00	4,46
8	1,33	1,36	1,48	3,54
10	0,18	0,71	0,88	2,26
12	0,00	0,06	0,32	1,17
14	0,00	0,00	0,00	0,22

Tabla V-5

β = 90° α = 30°	A	B	C	D
13	0,10	0,00	0,00	0,33
11	0,06	0,01	0,15	0,51
9	0,56	0,06	0,14	0,43
7	1,80	0,04	0,07	0,31
5	3,06	0,55	0,22	0,11
3	4,14	1,16	0,87	0,67
1	4,87	1,73	1,49	1,86
2	5,20	2,15	1,88	2,79
4	5,02	2,34	2,02	3,29
6	4,46	2,28	2,05	3,36
8	3,54	1,92	1,71	2,98
10	2,26	1,19	1,19	2,12
12	1,17	0,12	0,53	1,22
14	0,22	0,00	0,00	0,24

Tabla V-6

β = 35° α = 60°	A	B	C	D
13	0,00	0,00	0,00	0,14
11	0,00	0,00	0,08	0,16
9	0,02	0,04	0,04	0,02
7	0,02	0,13	0,31	1,02
5	0,64	0,68	0,97	2,39
3	1,55	1,24	1,59	3,70
1	2,35	1,74	2,12	4,73
2	2,85	2,05	2,38	5,40
4	2,86	2,14	2,37	5,53
6	2,24	2,00	2,27	5,25
8	1,51	1,61	1,81	4,49
10	0,23	0,94	1,20	3,18
12	0,00	0,09	0,52	1,96
14	0,00	0,00	0,00	0,55

Tabla V-7

β = 90° α = 60°	A	B	C	D
13	0,00	0,00	0,00	0,43
11	0,00	0,01	0,27	0,78
9	0,09	0,21	0,33	0,76
7	0,21	0,18	0,27	0,70
5	0,10	0,11	0,21	0,52
3	0,45	0,03	0,05	0,25
1	1,73	0,80	0,62	0,55
2	2,91	1,56	1,42	2,26
4	3,59	2,13	1,97	3,60
6	3,35	2,43	2,37	4,45
8	2,67	2,35	2,28	4,65
10	0,47	1,64	1,82	3,95
12	0,00	0,19	0,97	2,93
14	0,00	0,00	0,00	1,00

Tabla V-8

β = 35° α = −30°	A	B	C	D
13	0,00	0,00	0,00	0,22
11	0,00	0,03	0,37	1,26
9	0,21	0,70	1,05	2,50
7	1,34	1,28	1,73	3,79
5	2,17	1,79	2,21	4,70
3	2,90	2,05	2,43	5,20
1	3,12	2,13	2,47	5,20
2	2,88	1,96	2,19	4,77
4	2,22	1,60	1,73	3,91
6	1,27	1,11	1,25	2,84
8	0,52	0,57	0,65	1,64
10	0,02	0,10	0,15	0,50
12	0,00	0,00	0,03	0,05
14	0,00	0,00	0,00	0,08

Tabla V-9

β = 90° α = −30°	A	B	C	D
13	0,00	0,00	0,00	0,24
11	0,00	0,05	0,60	1,28
9	0,43	1,17	1,38	2,30
7	2,42	1,82	1,98	3,15
5	3,43	2,24	2,24	3,51
3	4,12	2,29	2,18	3,38
1	4,05	2,11	1,93	2,77
2	3,45	1,71	1,41	1,81
4	2,43	1,14	0,79	0,64
6	1,24	0,54	0,20	0,11
8	0,40	0,03	0,06	0,31
10	0,01	0,06	0,12	0,39
12	0,00	0,01	0,13	0,45
14	0,00	0,00	0,00	0,27

Tabla V-10

β = 35° α = −60°	A	B	C	D
13	0,00	0,00	0,00	0,56
11	0,00	0,04	0,60	2,09
9	0,27	0,91	1,42	3,49
7	1,51	1,51	2,10	4,76
5	2,25	1,95	2,48	5,48
3	2,80	2,08	2,56	5,68
1	2,78	2,01	2,43	5,34
2	2,32	1,70	2,00	4,59
4	1,52	1,22	1,42	3,46
6	0,62	0,67	0,85	2,20
8	0,02	0,14	0,26	0,92
10	0,02	0,04	0,03	0,02
12	0,00	0,01	0,07	0,14
14	0,00	0,00	0,00	0,12

Tabla V-11

β = 90° α = −60°	A	B	C	D
13	0,00	0,00	0,00	1,01
11	0,00	0,08	1,10	3,08
9	0,55	1,60	2,11	4,28
7	2,66	2,19	2,61	4,89
5	3,36	2,37	2,56	4,61
3	3,49	2,06	2,10	3,67
1	2,81	1,52	1,44	2,22
2	1,69	0,78	0,58	0,53
4	0,44	0,03	0,05	0,24
6	0,10	0,13	0,19	0,48
8	0,22	0,18	0,26	0,69
10	0,08	0,21	0,28	0,68
12	0,00	0,02	0,24	0,67
14	0,00	0,00	0,00	0,36

Ejemplo: Superficie de estudio ubicada en Madrid, inclinada 30° y orientada 10° al Sudeste. En la figura se muestra el perfil de obstáculos.

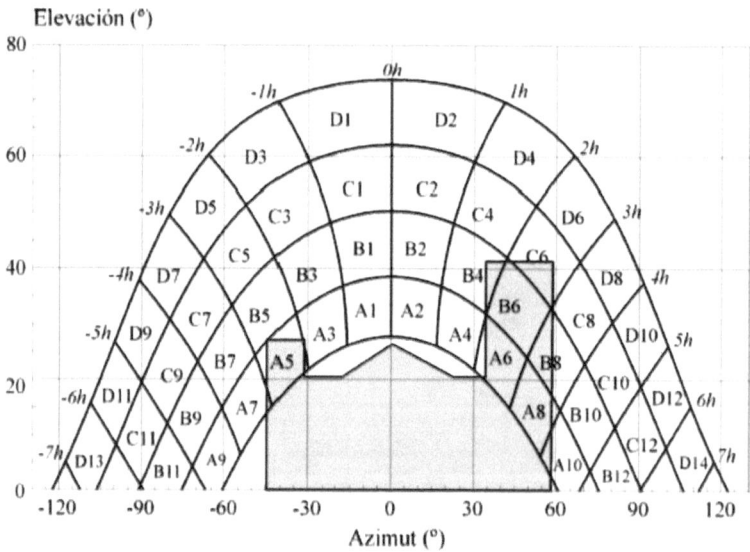

Tabla VI. Tabla de referencia.

$\beta = 35°$ $\alpha = 0°$	A	B	C	D
13	0,00	0,00	0,00	0,03
11	0,00	0,01	0,12	0,44
9	0,13	0,41	0,62	1,49
7	1,00	0,95	1,27	2,76
5	1,84	1,50	1,83	3,87
3	2,70	1,88	2,21	4,67
1	3,15	2,12	2,43	5,04
2	3,17	2,12	2,33	4,99
4	2,70	1,89	2,01	4,46
6	1,79	1,51	1,65	3,63
8	0,98	0,99	1,08	2,55
10	0,11	0,42	0,52	1,33
12	0,00	0,02	0,10	0,40
14	0,00	0,00	0,00	0,02

Cálculos:

Pérdidas por sombreado (% de irradiación global incidente anual) =

$= 0.25 \times B4 + 0.5 \times A5 + 0.75 \times A6 + B6 + 0.25 \times C6 + A8 + 0.5 \times B8 + 0.25 \times A10 =$

$= 0.25 \times 1.89 + 0.5 \times 1.84 + 0.75 \times 1.79 + 1.51 + 0.25 \times 1.65 + 0.98 + 0.5 \times 0.99 + 0.25 \times 0.11 =$

$= 6.16\% \approx 6\%$

Distancia mínima entre filas de módulos

La distancia d, medida sobre la horizontal, entre unas filas de módulos obstáculo, de altura h, que pueda producir sombras sobre la instalación deberá garantizar un mínimo de 4 horas de sol en torno al mediodía del solsticio de invierno. Esta distancia d será superior al valor obtenido por la expresión:

$$d = h/\tan(61° - \text{latitud})$$

donde $1/\tan(61° - \text{latitud})$ es un coeficiente adimensional denominado k.

Algunos valores significativos de k se pueden ver en la tabla VII en función de la latitud del lugar.

Tabla VII

Latitud	29°	37°	39°	41°	43°	45°
k	1,600	2,246	2,475	2,747	3,078	3,487

Con el fin de clarificar posibles dudas respecto a la toma de datos relativos a: h y d, se muestra la siguiente figura con algunos ejemplos:

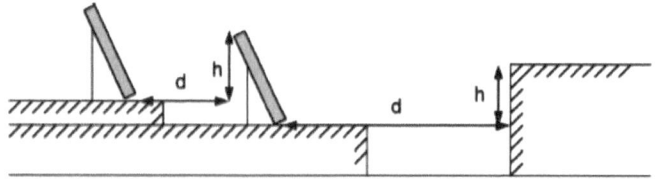

La separación entre la parte posterior de una fila y el comienzo de la siguiente no será inferior a la obtenida por la expresión anterior, aplicando h a la diferencia de alturas entre la parte alta de una fila y la parte baja de la siguiente, efectuando todas las medidas de acuerdo con el plano que contiene a las bases de los módulos.

INSTALACIONES AISLADAS DE LA RED

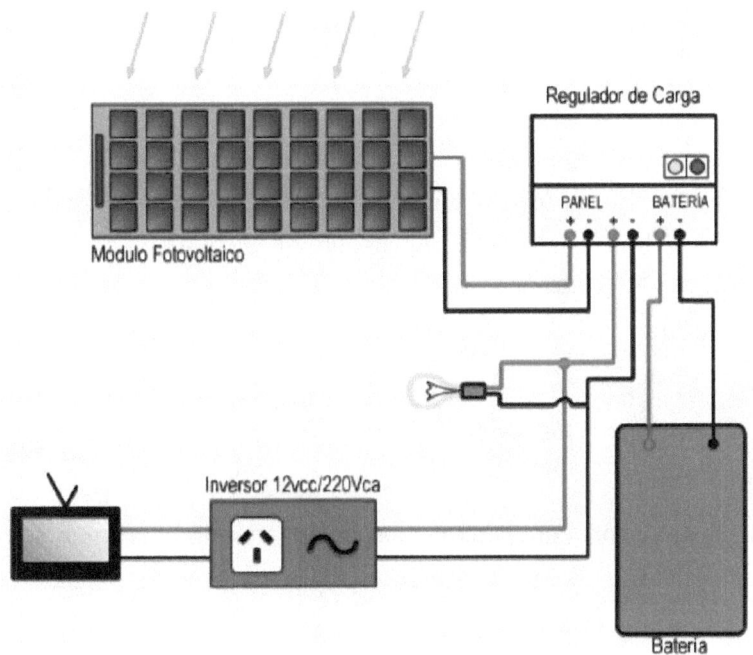

Orientación, inclinación y sombras

Las pérdidas de radiación causadas por una orientación e inclinación del generador distintas a las óptimas, y por sombreado, en el período de diseño, no serán superiores a los valores especificados en la tabla.

Pérdidas de radiación del generador	Valor máximo permitido (%)
Inclinación y orientación	20
Sombras	10
Combinación de ambas	20

El cálculo de las pérdidas de radiación causadas por una inclinación y orientación del generador evaluarán las pérdidas totales de radiación, incluyéndose el cálculo en la Memoria de Solicitud.

Dimensionado del sistema

Independientemente del método de dimensionado utilizado por el instalador, deberán realizarse los cálculos mínimos justificativos que se especifican en este PCT.

Se realizará una estimación del consumo de energía

Se determinará el rendimiento energético de la instalación y el generador mínimo requerido ($P_{mp, min}$) para cubrir las necesidades de consumo.

El instalador podrá elegir el tamaño del generador y del acumulador en función de las necesidades de autonomía del sistema, de la probabilidad de pérdida de carga requerida y de cualquier otro factor que quiera considerar. El tamaño del generador será, como máximo, un 20 % superior al $P_{mp, min}$. En aplicaciones especiales en las que se requieran probabilidades de pérdidas de carga muy pequeñas podrá aumentarse el tamaño del generador, justificando la necesidad y el tamaño en la Memoria de Solicitud.

Como norma general, la autonomía mínima de sistemas con acumulador será de tres días. Se calculará la autonomía del sistema para el acumulador elegido. En aplicaciones especiales, instalaciones mixtas eólico-fotovoltaicas, instalaciones con cargador de baterías o grupo electrógeno de apoyo, etc. que no cumplan este requisito se justificará adecuadamente.

Como criterio general, se valorará especialmente el aprovechamiento energético de la radiación solar.

Sistema de monitorización

El sistema de monitorización, cuando se instale, proporcionará medidas, como mínimo, de las siguientes variables:

–Tensión y corriente CC del generador.

–Potencia CC consumida, incluyendo el inversor como carga CC.

–Potencia CA consumida si la hubiere, salvo para instalaciones cuya aplicación es exclusivamente el bombeo de agua.

–Contador volumétrico de agua para instalaciones de bombeo.

–Radiación solar en el plano de los módulos medida con un módulo o una célula de tecnología equivalente.

–Temperatura ambiente en la sombra.

Los datos se presentarán en forma de medias horarias. Los tiempos de adquisición, la precisión de las medidas y el formato de presentación de las mismas se hará conforme al documento del JRC-Ispra "Guidelines for the Assessment of Photovoltaic Plants – Document A", Report EUR 16338 EN.

Componentes y materiales

Todas las instalaciones deberán cumplir con las exigencias de protecciones y seguridad de las personas, y entre ellas las dispuestas en el Reglamento Electrotécnico de Baja Tensión o legislación posterior vigente.

Como principio general, se tiene que asegurar, como mínimo, un grado de aislamiento eléctrico de tipo básico (clase I) para equipos y materiales.

Se incluirán todos los elementos necesarios de seguridad para proteger a las personas frente a contactos directos e indirectos, especialmente en instalaciones con tensiones de operación superiores a 50 VRMS o 120 VCC. Se recomienda la utilización de equipos y materiales de aislamiento eléctrico de clase II.

Se incluirán todas las protecciones necesarias para proteger a la instalación frente a cortocircuitos, sobrecargas y sobretensiones.

Los materiales situados en intemperie se protegerán contra los agentes ambientales, en particular contra el efecto de la radiación solar y la humedad. Todos los equipos expuestos a la intemperie tendrán un grado mínimo de protección IP65, y los de interior, IP20.

Los equipos electrónicos de la instalación cumplirán con las directivas comunitarias de Seguridad Eléctrica y Compatibilidad Electromagnética (ambas podrán ser certificadas por el fabricante).

En la Memoria de Diseño o Proyecto también se incluirán las especificaciones técnicas, proporcionadas por el fabricante, de todos los elementos de la instalación. Por motivos de seguridad y operación de los equipos, los indicadores, etiquetas, etc. de los mismos estarán en alguna de las lenguas españolas oficiales del lugar donde se sitúa la instalación.

Generadores fotovoltaicos

Todos los módulos deberán satisfacer las especificaciones UNE-EN 61215 para módulos de silicio cristalino, UNE-EN 61646 para módulos fotovoltaicos de capa delgada, o UNE-EN 62108 para módulos de concentración, así como la especificación UNE-EN 61730-1 y 2 sobre seguridad en módulos FV, Este requisito se justificará mediante la presentación del certificado oficial correspondiente emitido por algún laboratorio acreditado.

El módulo llevará de forma claramente visible e indeleble el modelo, nombre o logotipo del fabricante, y el número de serie, trazable a la fecha de fabricación, que permita su identificación individual.

Se utilizarán módulos que se ajusten a las características técnicas descritas a continuación. En caso de variaciones respecto de estas características, con carácter excepcional, deberá presentarse en la Memoria justificación de su utilización.

Los módulos deberán llevar los diodos de derivación para evitar las posibles averías de las células y sus circuitos por sombreados parciales, y tendrán un grado de protección IP65.

Los marcos laterales, si existen, serán de aluminio o acero inoxidable.

Para que un módulo resulte aceptable, su potencia máxima y corriente de cortocircuito reales, referidas a condiciones estándar deberán estar comprendidas en el margen del ± 5 % de los correspondientes valores nominales de catálogo.

Será rechazado cualquier módulo que presente defectos de fabricación, como roturas o manchas en cualquiera de sus elementos así como falta de alineación en las células, o burbujas en el encapsulante.

Cuando las tensiones nominales en continua sean superiores a 48 V, la estructura del generador y los marcos metálicos de los módulos estarán conectados a una toma de tierra, que será la misma que la del resto de la instalación.

Se instalarán los elementos necesarios para la desconexión, de forma independiente y en ambos terminales, de cada una de las ramas del generador.

En aquellos casos en que se utilicen módulos no cualificados, deberá justificarse debidamente y aportar documentación sobre las pruebas y ensayos a los que han sido sometidos. En todos los casos han de cumplirse las normas vigentes de obligado cumplimiento.

Estructura y soporte

Se dispondrán las estructuras soporte necesarias para montar los módulos y se incluirán todos los accesorios que se precisen.

La estructura de soporte y el sistema de fijación de módulos permitirán las necesarias dilataciones térmicas sin transmitir cargas que puedan afectar a la integridad de los módulos, siguiendo las normas del fabricante.

La estructura soporte de los módulos ha de resistir, con los módulos instalados, las sobrecargas del viento y nieve, de acuerdo con lo indicado en el Código Técnico de la Edificación (CTE).

El diseño de la estructura se realizará para la orientación y el ángulo de inclinación especificado para el generador fotovoltaico, teniendo en cuenta la facilidad de montaje y desmontaje, y la posible necesidad de sustituciones de elementos.

La estructura se protegerá superficialmente contra la acción de los agentes ambientales. La realización de taladros en la estructura se llevará a cabo antes de proceder, en su caso, al galvanizado o protección de la misma.

La tornillería empleada deberá ser de acero inoxidable. En el caso de que la estructura sea galvanizada se admitirán tornillos galvanizados, exceptuando los de sujeción de los módulos a la misma, que serán de acero inoxidable.

Los topes de sujeción de módulos, y la propia estructura, no arrojarán sombra sobre los módulos.

En el caso de instalaciones integradas en cubierta que hagan las veces de la cubierta del edificio, el diseño de la estructura y la estanquidad entre módulos se ajustarán a las exigencias del Código Técnico de la Edificación y a las técnicas usuales en la construcción de cubiertas.

Si está construida con perfiles de acero laminado conformado en frío, cumplirá la Norma MV 102 para garantizar todas sus características mecánicas y de composición química.

Si es del tipo galvanizada en caliente, cumplirá las Normas UNE 37-501 y UNE 37- 508, con un espesor mínimo de 80 micras, para eliminar las necesidades de mantenimiento y prolongar su vida útil.

Acumuladores de plomo-ácido

Se recomienda que los acumuladores sean de plomo-ácido, preferentemente estacionarias y de placa tubular. No se permitirá el uso de baterías de arranque.

Para asegurar una adecuada recarga de las baterías, la capacidad nominal del acumulador (en Ah) no excederá en 25 veces la corriente (en A) de cortocircuito en CEM del generador fotovoltaico. En el caso de que la capacidad del acumulador elegido sea superior a este valor (por existir el apoyo de un generador eólico, cargador de baterías, grupo electrógeno, etc.), se justificará adecuadamente.

La máxima profundidad de descarga (referida a la capacidad nominal del acumulador) no excederá el 80 % en instalaciones donde se prevea que descargas tan profundas no serán frecuentes. En aquellas aplicaciones en las que estas sobredescargas puedan ser habituales, tales como alumbrado público, la máxima profundidad de descarga no superará el 60 %.

Se protegerá, especialmente frente a sobrecargas, a las baterías con electrolito gelificado, de acuerdo a las recomendaciones del fabricante.

La capacidad inicial del acumulador será superior al 90 % de la capacidad nominal. En cualquier caso, deberán seguirse las recomendaciones del fabricante para aquellas baterías que requieran una carga inicial.

La autodescarga del acumulador a 20°C no excederá el 6% de su capacidad nominal por mes.

La vida del acumulador, definida como la correspondiente hasta que su capacidad residual caiga por debajo del 80 % de su capacidad nominal, debe ser superior a 1000 ciclos, cuando se descarga el acumulador hasta una profundidad del 50 % a 20 °C.

El acumulador será instalado siguiendo las recomendaciones del fabricante. En cualquier caso, deberá asegurarse lo siguiente:

–El acumulador se situará en un lugar ventilado y con acceso restringido.

–Se adoptarán las medidas de protección necesarias para evitar el cortocircuito accidental de los terminales del acumulador, por ejemplo, mediante cubiertas aislantes.

Cada batería, o vaso, deberá estar etiquetado, al menos, con la siguiente información:

–Tensión nominal (V)

–Polaridad de los terminales

–Capacidad nominal (Ah)

–Fabricante (nombre o logotipo) y número de serie

Reguladores de carga

Las baterías se protegerán contra sobrecargas y sobredescargas. En general, estas protecciones serán realizadas por el regulador de carga, aunque dichas funciones podrán incorporarse en otros equipos siempre que se asegure una protección equivalente.

Los reguladores de carga que utilicen la tensión del acumulador como referencia para la regulación deberán cumplir los siguientes requisitos:

–La tensión de desconexión de la carga de consumo del regulador deberá elegirse para que la interrupción del suministro de electricidad a las cargas se produzca cuando el acumulador haya alcanzado la profundidad máxima de descarga permitida (ver 5.4.3).

La precisión en las tensiones de corte efectivas respecto a los valores fijados en el regulador será del 1 %.

–La tensión final de carga debe asegurar la correcta carga de la batería.

–La tensión final de carga debe corregirse por temperatura a razón de -4 mV/°C a -5 mV/ °C por vaso, y estar en el intervalo de ± 1 % del valor especificado.

–Se permitirán sobrecargas controladas del acumulador para evitar la estratificación del electrolito o para realizar cargas de igualación.

Se permitirá el uso de otros reguladores que utilicen diferentes estrategias de regulación atendiendo a otros parámetros, como por ejemplo, el estado de carga del acumulador. En cualquier caso, deberá asegurarse una protección equivalente del acumulador contra sobrecargas y sobredescargas.

Los reguladores de carga estarán protegidos frente a cortocircuitos en la línea de consumo.

El regulador de carga se seleccionará para que sea capaz de resistir sin daño una sobrecarga simultánea, a la temperatura ambiente máxima, de:

–Corriente en la línea de generador: un 25% superior a la corriente de cortocircuito del generador fotovoltaico en CEM.

–Corriente en la línea de consumo: un 25 % superior a la corriente máxima de la carga de consumo.

El regulador de carga debería estar protegido contra la posibilidad de desconexión accidental del acumulador, con el generador operando en las CEM y con cualquier carga. En estas condiciones, el regulador debería asegurar, además de su propia protección, la de las cargas conectadas.

Las caídas internas de tensión del regulador entre sus terminales de generador y acumulador serán inferiores al 4% de la tensión nominal (0,5 V para 12 V de tensión nominal), para sistemas de menos de 1 kW, y del 2% de la tensión nominal para sistemas mayores de 1 kW, incluyendo los terminales. Estos valores se especifican para las siguientes condiciones: corriente nula en la línea de consumo y corriente en la línea generador-acumulador igual a la corriente máxima especificada para el regulador. Si las caídas de tensión son superiores, por ejemplo, si el regulador incorpora un diodo de bloqueo, se justificará el motivo en la Memoria de Solicitud.

Las caídas internas de tensión del regulador entre sus terminales de batería y consumo serán inferiores al 4% de la tensión nominal (0,5 V para 12 V de tensión nominal), para sistemas de menos de 1 kW, y del 2 % de la tensión nominal para sistemas mayores de 1 kW, incluyendo los terminales. Estos valores se especifican para las siguientes condiciones: corriente nula en la línea de generador y corriente en la línea acumulador-consumo igual a la corriente máxima especificada para el regulador.

Las pérdidas de energía diarias causadas por el autoconsumo del regulador en condiciones normales de operación deben ser inferiores al 3 % del consumo diario de energía.

Las tensiones de reconexión de sobrecarga y sobredescarga serán distintas de las de desconexión, o bien estarán temporizadas, para evitar oscilaciones desconexión-reconexión.

El regulador de carga deberá estar etiquetado con al menos la siguiente información:

– Tensión nominal (V)

– Corriente máxima (A)

– Fabricante (nombre o logotipo) y número de serie

– Polaridad de terminales y conexiones

Inversores

Los requisitos técnicos de este apartado se aplican a inversores monofásicos o trifásicos que funcionan como fuente de tensión fija (valor eficaz de la tensión y la frecuencia de salida, fijo).

Para otros tipos de inversores se asegurarán requisitos de calidad equivalentes.

Los inversores serán de onda senoidal pura. Se permitirá el uso de inversores de onda no senoidal, si su potencia nominal es inferior a 1 kVA, no producen daño a las cargas y aseguran una correcta operación de éstas.

Los inversores se conectarán a la salida de consumo del regulador de carga o en bornes del acumulador. En este último caso se asegurará la protección del acumulador frente a sobrecargas y sobredescargas.

Estas protecciones podrán estar incorporadas en el propio inversor o se realizarán con un regulador de carga, en cuyo caso el regulador debe permitir breves bajadas de tensión en el acumulador para asegurar el arranque del inversor.

El inversor debe asegurar una correcta operación en todo el margen de tensiones de entrada permitidas por el sistema.

La regulación del inversor debe asegurar que la tensión y la frecuencia de salida estén en los siguientes márgenes, en cualquier condición de operación:

VNOM ± 5 %, siendo VNOM = 220 VRMS o 230 VRMS, 50 Hz ± 2 %

El inversor será capaz de entregar la potencia nominal de forma continuada, en el margen de temperatura ambiente especificado por el fabricante.

El inversor debe arrancar y operar todas las cargas especificadas en la instalación, especialmente aquellas que requieren elevadas corrientes de arranque (TV, motores, etc.), sin interferir en su correcta operación ni en el resto de cargas.

Los inversores estarán protegidos frente a las siguientes situaciones:

– Tensión de entrada fuera del margen de operación.

– Desconexión del acumulador.

– Cortocircuito en la salida de corriente alterna.

– Sobrecargas que excedan la duración y límites permitidos.

El autoconsumo del inversor sin carga conectada será menor o igual al 2 % de la potencia nominal de salida.

Las pérdidas de energía diaria ocasionadas por el autoconsumo del inversor serán inferiores al 5 % del consumo diario de energía. Se recomienda que el inversor tenga un sistema de "stand-by" para reducir estas pérdidas cuando el inversor trabaja en vacío (sin carga).

El rendimiento del inversor con cargas resistivas será superior a los límites especificados en la tabla.

Tipo de inversor		Rendimiento al 20 % de la potencia nominal	Rendimiento a potencia nominal
Onda senoidal (*)	$P_{NOM} \leq 500$ VA	>85 %	>75 %
	$P_{NOM} > 500$ VA	>90 %	>85 %
Onda no senoidal		>90 %	>85 %

(*) Se considerará que los inversores son de onda senoidal si la distorsión armónica total de la tensión de salida es inferior al 5% cuando el inversor alimenta cargas lineales, desde el 20 % hasta el 100 % de la potencia nominal.

Los inversores deberán estar etiquetados con, al menos, la siguiente información:

– Potencia nominal (VA)

– Tensión nominal de entrada (V)

– Tensión (VRMS) y frecuencia (Hz) nominales de salida

– Fabricante (nombre o logotipo) y número de serie

– Polaridad y terminales

Cargas de consumo

Se recomienda utilizar electrodomésticos de alta eficiencia.

Se utilizarán lámparas fluorescentes, preferiblemente de alta eficiencia. No se permitirá el uso de lámparas incandescentes.

Las lámparas fluorescentes de corriente alterna deberán cumplir la normativa al respecto. Se recomienda utilizar lámparas que tengan corregido el factor de potencia.

En ausencia de un procedimiento reconocido de cualificación de lámparas fluorescentes de continua, estos dispositivos deberán verificar los siguientes requisitos:

-El balastro debe asegurar un encendido seguro en el margen de tensiones de operación, y en todo el margen de temperaturas ambientes previstas.

La lámpara debe estar protegida cuando:

– Se invierte la polaridad de la tensión de entrada.

– La salida del balastro es cortocircuitada.

– Opera sin tubo.

–La potencia de entrada de la lámpara debe estar en el margen de ± 10 % de la potencia nominal.

–El rendimiento luminoso de la lámpara debe ser superior a 40 lúmenes/W.

–La lámpara debe tener una duración mínima de 5000 ciclos cuando se aplica el siguiente ciclado: 60 segundos encendido /150 segundos apagado, y a una temperatura de 20 °C.

–Las lámparas deben cumplir las directivas europeas de seguridad eléctrica y compatibilidad electromagnética.

Se recomienda que no se utilicen cargas para climatización.

Los sistemas con generadores fotovoltaicos de potencia nominal superior a 500 W tendrán, como mínimo, un contador para medir el consumo de energía (excepto sistemas de bombeo).

En sistemas mixtos con consumos en continua y alterna, bastará un contador para medir el consumo en continua de las cargas CC y del inversor. En sistemas con consumos de corriente alterna únicamente, se colocará el contador a la salida del inversor.

Los enchufes y tomas de corriente para corriente continua deben estar protegidos contra inversión de polaridad y ser distintos de los de uso habitual para corriente alterna.

Para sistemas de bombeo de agua:

Los sistemas de bombeo con generadores fotovoltaicos de potencia nominal superior a 500 W tendrán un contador volumétrico para medir el volumen de agua bombeada.

Las bombas estarán protegidas frente a una posible falta de agua, ya sea mediante un sistema de detección de la velocidad de giro de la bomba, un detector de nivel u otro dispositivo dedicado a tal función.

Las pérdidas por fricción en las tuberías y en otros accesorios del sistema hidráulico serán inferiores al 10% de la energía hidráulica útil proporcionada por la motobomba.

Deberá asegurarse la compatibilidad entre la bomba y el pozo. En particular, el caudal bombeado no excederá el caudal máximo extraíble del pozo cuando el generador fotovoltaico trabaja en CEM. Es responsabilidad del instalador solicitar al propietario del pozo un estudio de caracterización del mismo.

Cableado

Todo el cableado cumplirá con lo establecido en la legislación vigente. Los conductores necesarios tendrán la sección adecuada para reducir las caídas de tensión y los calentamientos. Concretamente, para cualquier condición de trabajo, los conductores deberán tener la sección suficiente para que la caída de tensión sea inferior, incluyendo cualquier terminal intermedio, al 1,5 % a la tensión nominal continua del sistema.

Se incluirá toda la longitud de cables necesaria (parte continua y/o alterna) para cada aplicación concreta, evitando esfuerzos sobre los elementos de la instalación y sobre los propios cables.

Los positivos y negativos de la parte continua de la instalación se conducirán separados, protegidos y señalizados (códigos de colores, etiquetas, etc.) de acuerdo a la normativa vigente.

Los cables de exterior estarán protegidos contra la intemperie.

Protecciones y puesta a tierra

Todas las instalaciones con tensiones nominales superiores a 48 voltios contarán con una toma de tierra a la que estará conectada, como mínimo, la estructura soporte del generador y los marcos metálicos de los módulos. El sistema de protecciones asegurará la protección de las personas frente a contactos directos e indirectos. En caso de existir una instalación previa no se alterarán las condiciones de seguridad de la misma. La instalación estará protegida frente a cortocircuitos, sobrecargas y sobretensiones. Se prestará especial atención a la protección de la batería frente a cortocircuitos mediante un fusible, disyuntor magnetotérmico u otro elemento que cumpla con esta función.

Recepción y pruebas

El instalador entregará al usuario un documento-albarán en el que conste el suministro de componentes, materiales y manuales de uso y mantenimiento de la instalación. Este documento será firmado por duplicado por ambas partes, conservando cada una un ejemplar. Los manuales entregados al usuario estarán en alguna de las lenguas oficiales españolas del lugar del usuario de la instalación, para facilitar su correcta interpretación.

Las pruebas a realizar por el instalador, con independencia de lo indicado con anterioridad en este PCT, serán, como mínimo, las siguientes:

- Funcionamiento y puesta en marcha del sistema.
- Prueba de las protecciones del sistema y de las medidas de seguridad, especialmente las del acumulador.
- Concluidas las pruebas y la puesta en marcha se pasará a la fase de la Recepción Provisional de la Instalación.
- El Acta de Recepción Provisional no se firmará hasta haber comprobado que el sistema ha funcionado correctamente durante un mínimo de 240 horas seguidas, sin interrupciones o paradas causadas por fallos del sistema suministrado.

Además se deben cumplir los siguientes requisitos:

- Entrega de la documentación requerida en este PCT.
- Retirada de obra de todo el material sobrante.
- Limpieza de las zonas ocupadas, con transporte de todos los desechos a vertedero.
- Durante este período el suministrador será el único responsable de la operación del sistema, aunque deberá adiestrar al usuario.
- Todos los elementos suministrados, así como la instalación en su conjunto, estarán protegidos frente a defectos de fabricación, instalación o elección de componentes por una garantía de tres años, salvo para los módulos fotovoltaicos, para los que la garantía será de ocho años contados a partir de la fecha de la firma del Acta de Recepción Provisional.

No obstante, vencida la garantía, el instalador quedará obligado a la reparación de los fallos de funcionamiento que se puedan producir si se apreciase que su origen procede de defectos ocultos de diseño, construcción, materiales o montaje, comprometiéndose a subsanarlos sin cargo alguno. En cualquier caso, deberá atenerse a lo establecido en la legislación vigente en cuanto a vicios ocultos.

Requerimientos técnicos del contrato de mantenimiento

Se realizará un contrato de mantenimiento (preventivo y correctivo), al menos, de tres años.

El mantenimiento preventivo implicará, como mínimo, una revisión anual.

El contrato de mantenimiento de la instalación incluirá las labores de mantenimiento de todos los elementos de la instalación aconsejados por los diferentes fabricantes.

Programa de mantenimiento

El objeto de este apartado es definir las condiciones generales mínimas que deben seguirse para el mantenimiento de las instalaciones de energía solar fotovoltaica aisladas de la red de distribución eléctrica.

Se definen dos escalones de actuación para englobar todas las operaciones necesarias durante la vida útil de la instalación, para asegurar el funcionamiento, aumentar la producción y prolongar la duración de la misma:

–Mantenimiento preventivo

–Mantenimiento correctivo

Plan de mantenimiento preventivo:

Operaciones de inspección visual, verificación de actuaciones y otras, que aplicadas a la instalación deben permitir mantener, dentro de límites aceptables, las condiciones de funcionamiento, prestaciones, protección y durabilidad de la instalación.

Plan de mantenimiento correctivo:

Todas las operaciones de sustitución necesarias para asegurar que el sistema funciona correctamente durante su vida útil. Incluye:

–La visita a la instalación en los plazos, y cada vez que el usuario lo requiera por avería grave en la instalación.

–El análisis y presupuesto de los trabajos y reposiciones necesarias para el correcto funcionamiento de la misma.

–Los costes económicos del mantenimiento correctivo, con el alcance indicado, forman parte del precio anual del contrato de mantenimiento. Podrán no estar incluidas ni la mano de obra, ni las reposiciones de equipos necesarias más allá del período de garantía.

El mantenimiento debe realizarse por personal técnico cualificado bajo la responsabilidad de la empresa instaladora.

El mantenimiento preventivo de la instalación incluirá una visita anual en la que se realizarán, como mínimo, las siguientes actividades:

–Verificación del funcionamiento de todos los componentes y equipos.

–Revisión del cableado, conexiones, pletinas, terminales, etc.

–Comprobación del estado de los módulos: situación respecto al proyecto original, limpieza y presencia de daños que afecten a la seguridad y protecciones.

–Estructura soporte: revisión de daños en la estructura, deterioro por agentes ambientales, oxidación, etc.

–Baterías: nivel del electrolito, limpieza y engrasado de terminales, etc.

–Regulador de carga: caídas de tensión entre terminales, funcionamiento de indicadores, etc.

–Inversores: estado de indicadores y alarmas.

–Caídas de tensión en el cableado de continua.

–Verificación de los elementos de seguridad y protecciones: tomas de tierra, actuación de interruptores de seguridad, fusibles, etc.

En instalaciones con monitorización la empresa instaladora de la misma realizará una revisión cada seis meses, comprobando la calibración y limpieza de los medidores, funcionamiento y calibración del sistema de adquisición de datos, almacenamiento de los datos, etc. Las operaciones de mantenimiento realizadas se registrarán en un libro de mantenimiento.

Dimensionado. Estimación del consumo diario de energía

La estimación correcta de la energía consumida por el sistema fotovoltaico sólo es sencilla en aquellas aplicaciones en las que se conocen exactamente las características de la carga (por ejemplo, sistemas de telecomunicación). Sin embargo, en otras aplicaciones, como puede ser la electrificación de viviendas, la tarea no resulta fácil pues intervienen multitud de factores que afectan al consumo final de electricidad: tamaño y composición de las familias (edad, formación, etc.), hábitos de los usuarios, capacidad para administrar la energía disponible, etc.

El objeto de este apartado es estimar la energía media diaria consumida por el sistema, ED (Wh/día).

El cálculo de la energía consumida incluirá las pérdidas diarias de energía causadas por el autoconsumo de los equipos (regulador, inversor, etc.).

El consumo de energía de las cargas incluirá el servicio de energía eléctrica ofrecido al usuario para distintas aplicaciones (iluminación, TV, frigorífico, bombeo de agua, etc.).

Para propósitos de dimensionado del acumulador, se calculará el consumo medio diario en Ah /día, LD, como:

$$L_D\,(\mathrm{Ah/dia}) = \frac{E_D\,(\mathrm{Wh/dia})}{V_{NOM}\,(\mathrm{V})}$$

Donde VNOM (V) es la tensión nominal del acumulador.

Los parámetros requeridos en la Memoria de Solicitud para una aplicación destinada al bombeo de agua serán calculados por el instalador usando los métodos y herramientas que estime oportunos.

Bombeo de agua. Cálculo de la energía eléctrica requerida por la motobomba

Se estimará la energía eléctrica consumida por la motobomba como:

$$E_{MB}\,(\text{Wh/día}) = \frac{E_H\,(\text{Wh/día})}{\eta_{MB}} = \frac{2.725\ Q_d\,(\text{m}^3/\text{día})\cdot H_{TE}\,(\text{m})}{\eta_{MB}}$$

Para sistemas de bombeo de corriente alterna, la eficiencia de la motobomba es un parámetro que suele estar incluido en el rendimiento del conjunto inversor-motobomba. Habitualmente, el fabricante proporciona herramientas gráficas para el cálculo del rendimiento global del sistema, incluyendo el propio generador fotovoltaico. Por defecto, puede utilizarse un rendimiento típico 0MB= 0,4 para bombas superiores a 500 W.

La altura equivalente de bombeo, HTE, es un parámetro ficticio que incluye las características físicas del pozo y del depósito, las pérdidas por fricción en las tuberías (contribución equivalente en altura) y la variación del nivel dinámico del agua durante el bombeo. Para su cálculo puede utilizarse la fórmula siguiente:

$$H_{TE} = H_D + H_{ST} + \left(\frac{H_{DT} - H_{ST}}{Q_T}\right) Q_{AP} + H_f$$

La suma de los dos primeros términos es la altura desde la salida de la bomba en el depósito hasta el nivel estático del agua (figura 3). El tercer término es una corrección para tener en cuenta el descenso de agua durante el bombeo y el cuarto es la contribución equivalente en altura de las pérdidas por fricción en las tuberías y en otros accesorios del sistema hidráulico (válvulas, codos, grifos, etc.). Estas pérdidas, de acuerdo con el PCT, serán inferiores al 10 % de la energía hidráulica útil (es decir, Hf < 0,1HTE).

Dimensionado del sistema

El objeto de este apartado es evaluar el dimensionado del generador fotovoltaico llevado a cabo por el instalador, con independencia de los métodos que el instalador utilice para esta tarea.

Para ello se le pedirá que indique la eficiencia energética esperada para la instalación.

Período de diseño

Se establecerá un período de diseño para calcular el dimensionado del generador en función de las necesidades de consumo y la radiación. Se indicará cuál es el período para el que se realiza el diseño y los motivos de la elección.

Algunos ejemplos son:

–En escenarios de consumo constante a lo largo del año, el criterio de "mes peor" corresponde con el de menor radiación.

–En instalaciones de bombeo, dependiendo de la localidad y disponibilidad de agua, el "mes peor" corresponde a veces con el verano.

–Para maximizar la producción anual, el período de diseño es todo el año.

Orientación e inclinación óptimas. Pérdidas por orientación e inclinación

Se determinará la orientación e inclinación óptimas para el período de diseño elegido. En la tabla se presentan períodos de diseño habituales y la correspondiente inclinación del generador que hace que la colección de energía sea máxima.

Período de diseño	β_{opt}	$K = \dfrac{G_{dm}(\alpha=0,\ \beta_{opt})}{G_{dm}(0)}$
Diciembre	$\phi + 10$	1,7
Julio	$\phi - 20$	1
Anual	$\phi - 10$	1,15

ϕ = Latitud del lugar en grados

El diseñador buscará, en la medida de lo posible, orientar el generador de forma que la energía captada sea máxima en el período de diseño.

Sin embargo, no será siempre posible orientar e inclinar el generador de forma óptima, ya que pueden influir otros factores como son la acumulación de suciedad en los módulos, la resistencia al viento, las sombras, etc.

Para calcular el factor de irradiación para la orientación e inclinación elegidas se utilizará la expresión aproximada:

$$FI = 1 - [1.2 \cdot 10^{-4}(\beta - \beta_{opt})^2 + 3.5 \times 10^{-5}\,\alpha^2] \qquad \text{para } 15° < \beta < 90°$$
$$FI = 1 - [1.2 \cdot 10^{-4}(\beta - \beta_{opt})^2] \qquad \text{para } \beta \leq 15°$$

[Nota: α, β se expresan en grados]

Irradiación sobre el generador

Deberán presentarse los siguientes datos:

$G_{dm}(0)$

Obtenida a partir de alguna de las siguientes fuentes:

– Instituto Nacional de Meteorología

– Organismo autonómico oficial

$G_{dm}(α, β)$

Calculado a partir de la expresión:

$$G_{dm}(\alpha, \beta) = G_{dm}(0) \cdot K \cdot FI \cdot FS$$

donde:

$$K = \frac{G_{dm}(\alpha = 0, \beta_{opt})}{G_{dm}(0)}$$

Dimensionado del generador

El dimensionado mínimo del generador, en primera instancia, se realizará de acuerdo con los datos anteriores, según la expresión:

$$P_{mp, min} = \frac{E_D \, G_{CEM}}{G_{dm}(\alpha, \beta) \, PR}$$

$G_{CEM} = 1 \ kW/m^2$

E_D: Consumo expresado en kWh/día.

Diseño del sistema

El instalador podrá elegir el tamaño del generador y del acumulador en función de las necesidades de autonomía del sistema, de la probabilidad de pérdida de carga requerida y cualquier otro factor que quiera considerar, respetando los límites estipulados en el PCT:

–La potencia nominal del generador será, como máximo, un 20 % superior al valor $P_{mp, min}$ para el caso.

–La autonomía mínima del sistema será de tres días.

–Como caso general, la capacidad nominal de la batería no excederá en 25 veces la corriente de cortocircuito en CEM del generador fotovoltaico.

La autonomía del sistema se calculará mediante la expresión:

$$A = \frac{C_{20}\ PD_{max}}{L_D}\ \eta_{inv}\ \eta_{rb}$$

Dónde:

A = Autonomía del sistema en días

C_{20} = Capacidad del acumulador en Ah (*)

PD_{max} = Profundidad de descarga máxima

η_{inv} = Rendimiento energético del inversor

η_{rb} = Rendimiento energético del acumulador + regulador

L_D = Consumo diario medio de la carga en Ah

Ejemplo de cálculo. Estudio de la carga

Se pretende electrificar una vivienda rural de una familia formada por 4 personas, situada en el término municipal de San Agustín de Guadalix (latitud = 41°). El servicio de energía eléctrica ofrecido a los usuarios está recogido en la tabla IV. El servicio proporcionado incluye la electrificación de la vivienda y un sistema de bombeo de agua (para uso personal y una pequeña granja).

Las pérdidas de autoconsumo de los equipos incluyen las del regulador (24 h × 1 W = 24 Wh) y las del inversor, para el que se ha estimado que funcionará 11 horas en vacío con un consumo medio de 2 W (11 h × 2W = 22 Wh).

Tabla IV. Consumo diario de energía eléctrica.

Servicio	Energía diaria (Wh/día)
Iluminación	160
TV y radio	140
Frigorífico	350
Bombeo de agua	204
Autoconsumo de los equipos	46
E_D (Wh/día)	900

La bomba de agua extrae diariamente 1500 litros de un pozo (figura 3), cuya altura equivalente de bombeo se ha estimado en 20 metros, con una motobomba que tiene un rendimiento energético del 40 %. La prueba de bombeo realizada al pozo permitió obtener los siguientes parámetros:

$$H_{ST} = 15 \text{ metros}$$
$$H_{DT} = 30 \text{ metros}$$
$$Q_T = 10 \text{ m}^3/\text{h}$$

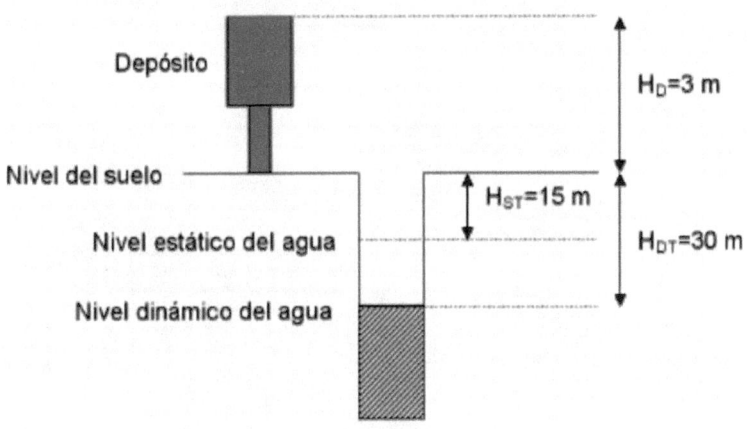

Fig. 3. Esquema del sistema de bombeo.

Por tanto, la energía eléctrica necesaria para el bombeo tiene como valor:

$$E_{MB} = E_H / \eta_{MB} = (2.725 \times 1.5 \times 20) / 0.4 = 204 \text{ Wh/dia}$$

La altura equivalente de bombeo se ha calculado como:

$$H_{TE} = 3 + 15 + [(30 - 15)/10] \times (1.5/24) + 2 = 3 + 15 + 0.094 + 2 \approx 20 \text{ metros}$$

Como se puede comprobar, el factor que corrige la variación dinámica del nivel del pozo es insignificante frente a la altura entre el nivel estático del agua y el depósito, debido a que el caudal bombeado es pequeño.

171

Parámetro	Unidades	Valor	Comentario
Localidad		S. Agustín de Guadalix	
Latitud ϕ		41°	
E_D	kWh/día	0,9	Consumo constante a lo largo del año
Período diseño		Diciembre	Mes de peor radiación y consumo constante ($k = 1,7$)
$(\alpha_{opt}, \beta_{opt})$		(0°, 51°)	
(α, β)		(20°, 45°)	Orientación e inclinación del tejado
$G_{dm}(0)_{diciembre}$	kWh/(m²·día)	1,67	Fuente: Instituto Nacional de Meteorología
FI		0,98	$FI = 1 - [1,2 \times 10^{-4}(\beta - \beta_{opt})^2 + 3,5 \times 10^{-5}\alpha^2]$
FS		0,92	Sombra chimenea de un 8% en diciembre
$PR_{diciembre}$		0,60	Eficiencia energética global del sistema
$G_{dm}(\alpha, \beta)_{diciembre}$	kWh/(m²·día)	2,56	$G_{dm}(\alpha, \beta)_{diciembre} = G_{dm}(0)_{diciembre} \cdot K \cdot FI \cdot FS$
$P_{mp.\,min}$	kWp	0,586	$P_{mp.\,min} = \dfrac{E_D \ G_{CEM}}{G_{dm}(\alpha, \beta) \ PR}$

Tabla V. Cálculo de la potencia mínima del generador.

Para diseñar el generador se dispone de un módulo fotovoltaico cuyos parámetros en CEM tienen los siguientes valores:

– Potencia máxima = 110 Wp

– Corriente de cortocircuito = 6,76 A

– Corriente en el punto de máxima potencia = 6, 32 A

– Tensión de circuito abierto = 21,6 V

– Tensión en el punto de máxima potencia = 17,4 V

Se elige un generador de 660 Wp (formado por dos módulos en serie y tres ramas en paralelo) y un acumulador con una capacidad nominal de 340 Ah en 20 horas. La tensión nominal del sistema es de 24 V. Ambos valores se han elegido para asegurar una probabilidad de pérdida de carga inferior a 10–2 (*).

Las tensiones del regulador se ajustan de forma que la profundidad de descarga máxima sea del 70 %.

La eficiencia energética del inversor se estima en el 85 %, y la del regulador + acumulador en el 81 %.

Parámetro	Unidades	Valor	Comentario
			Tabla VI
P_{mp}	Wp	660	$P_{mp} < 1.2\,P_{mp\ min}$ (requisito obligatorio para el caso general)
C_{20}	Ah	340	Capacidad nominal del acumulador
PD_{max}		0,7	Profundidad de descarga máx. permitida por el regulador
η_{inv}		0,85	Rendimiento energético del inversor
η_{rb}		0,81	Rendimiento energético regulador-acumulador
V_{NOM}	V	24	Tensión nominal del acumulador
L_D	Ah	37,5	Consumo diario de la carga ($L_D = E_D / V_{NOM}$)
A	Días	4,37	Autonomía: $A = \dfrac{C_{20}\,PD_{max}}{L_D}\,\eta_{inv}\,\eta_{rb}$
C_{20}/I_{sc}	h	16,77	$C_{20}/I_{sc} < 25$ (requisito obligatorio para el caso general) I_{sc} (generador, CEM) = 20,28 A

Elementos de protección de la instalación fotovoltaica. Especificaciones para instalaciones fotovoltaicas aisladas

a) Todas las instalaciones con tensiones nominales superiores a 48 voltios contarán con una toma de tierra a la que estará conectada, como mínimo, la estructura soporte del generador y los marcos metálicos de los módulos.

b) El sistema de protecciones asegurará la protección de las personas frente a contactos directos e indirectos. En caso de existir una instalación previa no se alterarán las condiciones de seguridad de la misma.

c) La instalación estará protegida frente a cortocircuitos, sobrecargas y sobretensiones. Se prestará especial atención a la protección de la batería frente a cortocircuitos mediante un fusible, disyuntor magnetotérmico u otro elemento que cumpla con esta función.

Toma de tierra

Del generador FV: estructura soporte y marco metálico.
De la instalación correspondiente a los consumos de alterna.

Protección contra contactos directos e indirectos

El contacto de una persona con un elemento en tensión puede ser Directo o Indirecto.

Se dice que es Directo cuando dicho elemento se encuentra normalmente bajo tensión.

Por el contrario, el contacto se define como Indirecto si el elemento ha sido puesto bajo tensión accidentalmente (por ejemplo, por una falla en el aislamiento).

Protección contra contactos directos

Esta protección consiste en tomar las medidas destinadas a proteger las personas contra los peligros que pueden derivarse de un contacto con las partes activas de los materiales eléctricos.
Salvo indicación contraria, los medios a utilizar vienen expuestos y definidos en la Norma UNE 20.460 - 4 - 41, que son habitualmente:

- Protección por aislamiento de las partes activas.

- Protección por medio de barreras o envolventes.

- Protección por medio de obstáculos.

- Protección por puesta fuera de alcance por alejamiento.

Protección complementaria por dispositivos de corriente diferencial residual diferenciales

Esta medida de protección está destinada solamente a complementar otras medidas de protección contra los contactos directos. El empleo de dispositivos de corriente diferencial-residual, cuyo valor de corriente diferencial asignada de funcionamiento sea inferior o igual a 30 mA, se reconoce como medida de protección complementaria en caso de fallo de otra medida de protección contra los contactos directos o en caso de imprudencia de los usuarios.

Cuando se prevea que las corrientes diferenciales puedan ser no senoidales (como por ejemplo en salas de radiología intervencionista), los dispositivos de corriente diferencial-residual utilizados serán de clase A que aseguran la desconexión para corrientes alternas senoidales así como para corrientes continuas pulsantes.

La utilización de tales dispositivos no constituye por sí mismo una medida de protección completa y requiere el empleo de una de las medidas de protección.

Diferenciales

Ofrecen una protección eficaz contra los contactos tanto directos como indirectos.

Están compuestos por:
- Transformador toroidal
- Relé electromecánico
- Mecanismo de conexión y desconexión
- Circuito auxiliar de prueba.

Cuando la suma vectorial de las intensidades que pasan por el transformador es distinta de cero, en el secundario del mismo se induce una tensión que provoca la excitación del relé dando lugar a la desconexión del interruptor.

Para que se produzca la apertura, la corriente de fuga I debe de ser superior a la corriente de sensibilidad del diferencial.

Protección contra contactos indirectos. Protección por corte automático de la alimentación

El corte automático de la alimentación después de la aparición de un fallo está destinado a impedir que una tensión de contacto de valor suficiente, se mantenga durante un tiempo tal que puede dar como resultado un riesgo.

Debe existir una adecuada coordinación entre el esquema de conexiones a tierra de la instalación utilizado de entre los descritos en la ITC-BT-08 y las características de los dispositivos de protección.

El corte automático de la alimentación está prescrito cuando puede producirse un efecto peligroso en las personas o animales domésticos en caso de defecto, debido al valor y duración de la tensión de contacto. Se utilizará como referencia lo indicado en la norma UNE 20.572 -1.

La tensión límite convencional es igual a 50 V, valor eficaz en corriente alterna, en condiciones normales. En ciertas condiciones pueden especificarse valores menos elevados, como por ejemplo, 24 V para las instalaciones de alumbrado público contempladas en la ITC-BT-09, apartado 10.

Se describen a continuación aquellos aspectos más significativos que deben reunir los sistemas de protección en función de los distintos esquemas de conexión de la instalación, según la ITC-BT-08 y que la norma UNE 20.460 -4-41 define cada caso.

Se emplean dispositivos del tipo:

• Dispositivos de protección de máxima corriente, tales como fusibles, interruptores automáticos.
• Diferenciales.

Protección por empleo de equipos de la clase II o por aislamiento equivalente

Se asegura esta protección por:

- Utilización de equipos con un aislamiento doble o reforzado (clase II).

- Conjuntos de aparamenta construidos en fábrica y que posean aislamiento equivalente (doble o reforzado).

- Aislamientos suplementarios montados en el curso de la instalación eléctrica y que aíslen equipos eléctricos que posean únicamente un aislamiento principal.

- Aislamientos reforzados montados en el curso de la instalación eléctrica y que aíslen las partes activas descubiertas, cuando por construcción no sea posible la utilización de un doble aislamiento.

Protección contra sobrecargas, cortocircuitos y sobretensiones

•Sobrecargas, cortocircuitos: fusibles y Magnetotérmicos (Pías).
•Sobretensiones red (por tormentas, etc.): varistores (en los paneles).

Los varistores proporcionan una protección fiable y económica contra transitorios de alto voltaje que pueden ser producidos, por ejemplo, por relámpagos, conmutaciones o ruido eléctrico en líneas de potencia de CC o C.A.

Sección de los cables

Los conductores necesarios tendrán la sección adecuada para reducir las caídas de tensión y los calentamientos.

Concretamente, para cualquier condición de trabajo, los conductores deberán tener unos valores de sección tales que la caída de tensión en ellos sea inferior a las indicadas a continuación:

- Caídas de tensión máxima entre generador FV y regulador: 3 %
- Caídas de tensión máxima entre regulador y batería: 1 %
- Caídas de tensión máxima entre inversor y batería: 1 %

- Caídas de tensión máxima entre inversor /regulador y cargas: 3 %

Además, esta sección deberá ser suficiente para que soporten la intensidad máxima admisible en cada uno de los tramos.

Las intensidades máximas admisibles, se regirán en su totalidad por lo indicado en la Norma UNE 20.460 -5-523 y su anexo Nacional.

Paraguas solar

Isla flotante solar

CÁLCULOS

Sombras entre filas de módulos fotovoltaicos

Se da el caso de que cuando existe un gran número de módulos fotovoltaicos a instalar y no se dispone de mucho espacio, es necesario juntar las filas de paneles y esto puede traer como consecuencia que (especialmente en invierno) se produzcan sombras de una a otra fila. La posibilidad de que en verano puedan darse sombra unas filas a otras es mucho menor, ya que el recorrido del Sol es más alto, y por lo tanto, la sombra arrojada por la fila precedente es más pequeña.

Lógicamente, la distancia mínima entre fila y fila está marcada por la latitud del lugar de la instalación, dado que el ángulo de incidencia solar varía también con este parámetro. Supongamos que debemos disponer una serie de módulos solares en fila, tal y como se representa en la figura 6, donde a es la altura de los módulos colocados en el bastidor, h la altura máxima alcanzada y d la distancia mínima entre fila y fila capaz de no producir sombras interactivas. Una vez que disponemos del valor a, y de la latitud del lugar, estamos en disposición de buscar el factor k dado por la curva, y seguidamente trasladándonos a la tabla 2, donde quedan representados por un lado el valor de a y por otro el ángulo de inclinación que se va a dar al conjunto, obtener el valor de h. La fórmula que nos da la distancia d entre filas sucesivas de paneles será:

$$d = k\,h$$

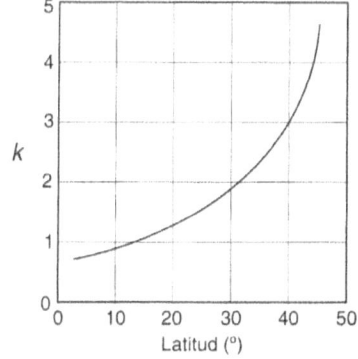

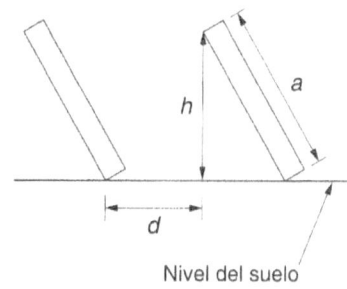

Fig. 6

$$d = k \cdot h$$

d = distancia mínima entre filas

k = Factor dado por la curva de k y Latitud (°)

h = (Largo del panel (a) + largo sobrante de pata del soporte), luego de acuerdo al largo total hallar (h) en la tabla 2, cruzando (a) con el ángulo de inclinación del conjunto (en grados) y encontrar el valor de (h).

Coche solar

Farola solar

Cálculo para la distancia (d) entre paneles de módulos solares

Tabla 2. Valores de h ($h = a$ sen α)

Ángulo de inclinación ▼	a		
	1.5 m	2.7 m	4 m
15°	0.38	0.69	1.03
20°	0.51	0.92	1.36
25°	0.63	1.14	1.69
30°	0.75	1.35	2.00
35°	0.86	1.54	2.29
40°	0.96	1.73	2.57
45°	1.06	1.90	2.82
50°	1.14	2.06	3.06
55°	1.22	2.21	3.27
60°	1.29	2.33	3.46
65°	1.35	2.44	3.62
70°	1.40	2.53	3.75
75°	1.44	2.60	3.86

Curva para hallar (k)

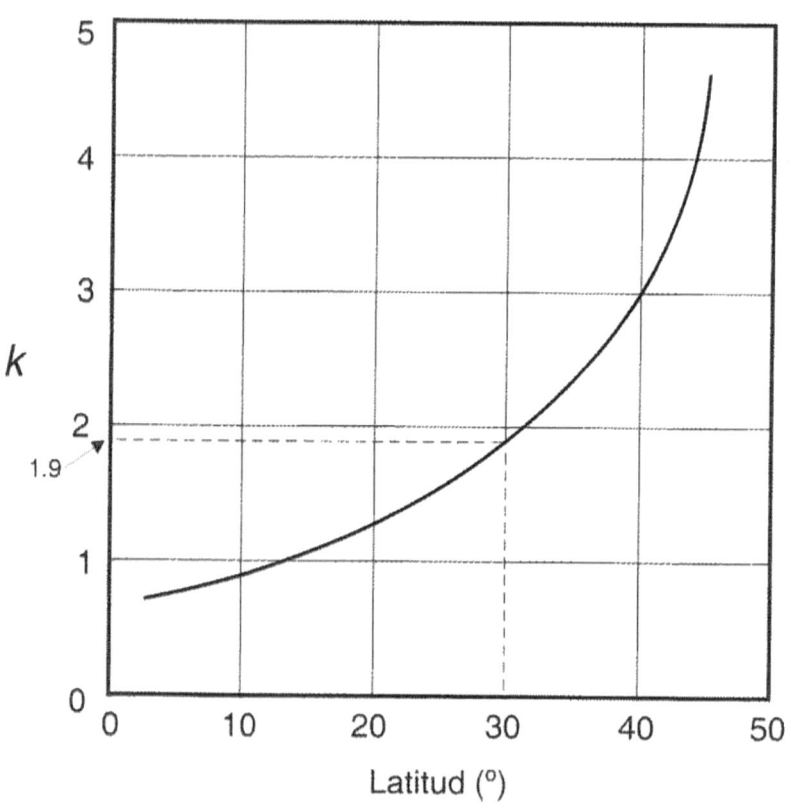

Latitud (°)

Realicemos un ejemplo suponiendo que debemos disponer 30 módulos fotovoltaicos, de unas dimensiones de 35 cm × 120 cm cada uno, en tres filas consecutivas ocupando el menor espacio posible al disminuir al máximo la distancia entre las mismas. La latitud del lugar de ubicación es de 30° Norte.

El primer paso será distribuir los módulos en tres filas, realizando tres conjuntos de 10 módulos. Las dimensiones de los marcos soporte serán de 1.4 m × 3.5 m, tal y como se puede ver en la figura 7. La inclinación del conjunto será 50° sobre la horizontal para favorecer la radiación invernal.

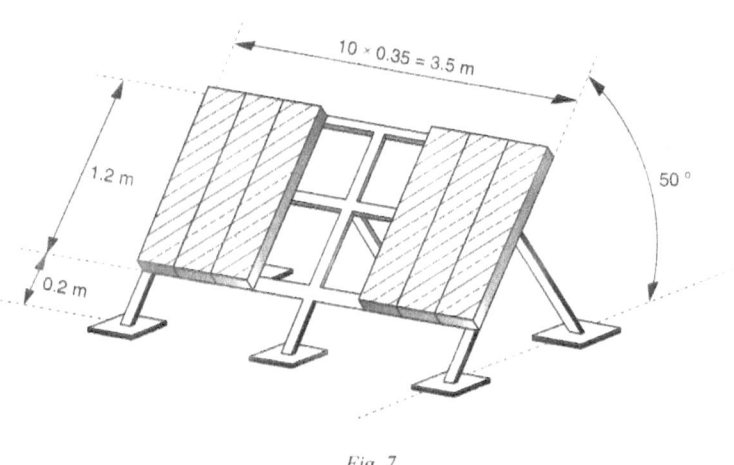

Fig. 7

Si observamos en la curva k-latitud, el valor de k para una latitud de 30° resulta ser de 1.9. Una vez conocido este valor y sabiendo que el de la variable a es, en este caso, de 1.4 m (resultado de sumar la altura del panel más los 20 cm de la pata de la estructura), buscaremos en la tabla 2 el valor de h en la columna de 1.5 m para 50° de inclinación y que resulta ser de 1.14 (tabla 2-bis). Entonces, aplicando la fórmula

$$d = k\,h$$

tenemos:

$$d = 1.9 \times 1.14 = 2.16 \text{ m}$$

Por lo tanto, la distancia mínima necesaria entre cada fila de paneles será de 2.16 m. De esta manera dispondríamos las tres filas de 10 módulos separadas un mínimo de 2.16 m entre ellas.

Tabla 2-bis. (Ejemplo).

Ángulo de inclinación ▼	a		
	1.5 m	2.7 m	4 m
15°	0.38	0.69	1.03
20°	0.51	0.92	1.36
Ángulo de inclinación ▼	a		
	1.5 m	2.7 m	4 m
30°	0.75	1.35	2.00
35°	0.86	1.54	2.29
40°	0.96	1.73	2.57
45°	1.06	1.90	2.82
50°	**1.14**	2.06	3.06
55°	1.22	2.21	3.27
60°	1.29	2.33	3.46
65°	1.35	2.44	3.62
70°	1.40	2.53	3.75
75°	1.44	2.60	3.86

Problema 2:

Si al caso del problema anterior lo ponemos en Latitud norte a 40°, inclinación del conjunto a 40°, a la misma medida de paneles y cantidad iguales. Hallar (d).

Problema 3:

Si al problema anterior lo ponemos en Latitud norte a 20°, inclinación del conjunto a 15°, a la misma medida de paneles e igual cantidad. Hallar (d).

Problema 4:

Si las medidas de 40 paneles son de 2.10 m de largo y 0,40 m. de ancho. La inclinación del conjunto es de 60°, la Latitud del lugar es 44°, norte, hallar (d). Diferencia soporte: 0,40m. Realizar el esquema.

Barco solar

Problemas cálculos de presión del viento sobre paneles y soportes

Este ejemplo demuestra el gran efecto que puede hacer el viento sobre un grupo de módulos solares, y nos hace pensar en las graves consecuencias de un mal anclaje o un erróneo diseño de la estructura que soporta el conjunto.

No sólo es la acción del viento el problema de los soportes y estructuras, también debemos tener cuidado con la nieve, lluvia, heladas, tipo de ambiente donde se encuentra la instalación, etc. En efecto, algunas de las acciones descritas anteriormente (nieve, lluvia) afectan al emplazamiento y forma del soporte de sustentación, mientras que las heladas o determinados ambientes (por ejemplo, los cercanos a las costas) afectan más al tipo de materiales empleados para la construcción de las estructuras.

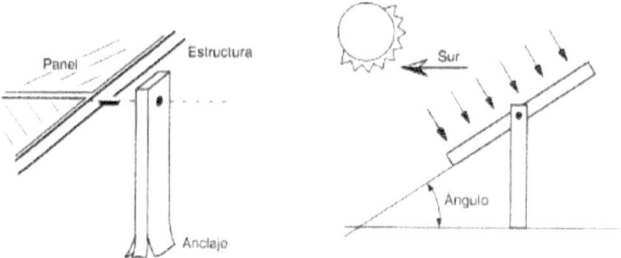

Fig. 1. Las estructuras soporte proporcionan un anclaje sólido, además de una correcta orientación y la inclinación adecuada.

Supongamos que disponemos de una superficie de paneles de 1 m², y en la zona donde están instalados pueden producirse vientos de 200 km/h. La fórmula que expresa la presión máxima del viento es:

$$p = F/S = 0.11\,v^2 \; ; \; F = 0.11\,v^2 S$$

donde:

F es la fuerza del viento en kp
v es la velocidad del aire en m/s
S es la superficie receptora en m²
p es la presión del viento en kp/m²

Si aplicamos los datos anteriores, resulta:

$$200\ km/h = 55.5\ m/s$$
$$F = 0.11 \times (55.5)^2 \times 1$$
$$F = 338.8\ kp$$

Conversión de Km/h A m/s

El procedimiento que explico vale para cualquier conversión que vayas a efectuar.

a) Primero, debes saber las equivalencias entre las unidades que vas a convertir.

b) Luego, aplicas el Método de las Fracciones Equivalentes que consiste en ir multiplicando por una fracción que represente lo mismo en el numerador como en el denominador, de manera de ir eliminando unidades.

En nuestro caso, las Equivalencias son:

1 kilómetro = 1.000 metros

1 hora = 3.600 segundos

Ejemplo:

Vamos a convertir 72 km /h a m /s:

$$72 \; \frac{km}{h} \times \frac{1\,000\ m}{1\ km} \times \frac{1\ h}{3\,600\ s} = \frac{72 \times 1000}{3\,600} = 20\ m\,/s$$

O al revés:

Vamos a convertir 50 m /s a km /h

$$50 \ \frac{m}{s} \times \frac{1 \ km}{1 \ 000 \ m} \times \frac{3 \ 600 \ s}{1 \ h} = \frac{50 \times 3 \ 600}{1 \ 000} = 180 \ Km. \ /h$$

Problema 1:

Si disponemos de 10 paneles fotovoltaicos de 1,40 m x 0,35 m de alto y ancho respectivamente, y en la zona los vientos máximos son de 250 Km/h, averiguar la fuerza (Kgf) máxima del viento en cada panel y la fuerza del viento sobre todos los paneles.

Problema 2:

Si se dispone de 120 paneles de 1,90 m x 0,55 m de alto y ancho respectivamente, y en la zona los vientos son de 300 Km/h, averiguar la fuerza (Kgf) del viento en cada panel y la fuerza del viento sobre todos los paneles.

Cocina solar

Automóvil solar

Cálculo y Dimensionado de Colectores Solares Fotovoltaicos

Se necesita calcular el número de módulos fotovoltaicos para una vivienda unifamiliar situada en Tenerife (zona B, según datos del ITER). La cual tiene los siguientes puntos de corriente:

- 1 Nevera: 150 W * 12 h = 1.800 W/h
- 6 Bombillas 20 W : 120 W * 1 h = 120 W/h
- 1 Televisor: 80 W * 3 h = 240 W/h
- 1 Lavadora: 500 W * 0,5 h = 250 W/h
- 1 Plancha: 600 W * 0,25 h = 150 W/h
- Otros: = 200 W/h
- **TOTAL: = 2.760 W/h al día**

Por ser una vivienda, la tensión de trabajo puede ser 12 V ó 24 V. En este caso, escogemos 24 V para bajar la intensidad y tener menor diámetro de cable.

La energía total necesaria a partir de los datos anteriores, se obtiene a partir de los siguientes cálculos:

2760 W/h por día a 24 V = 2760/24 = 115 A/h al día

Se estiman las pérdidas por conexionado en un 10% aproximadamente, por lo que:

115 A/h al día * 1.1 = 125,5 A/h al día

Se establece una inclinación de los paneles fotovoltaicos de 40°, para la cual, la radiación solar incidente se refleja en la siguiente tabla:

	INFORMACIÓN METEOROLÓGICA								
Mes	Radiación Solar Incidente Superficie Horizontal	Factores de Corrección			Radiación Solar Incidente Zona Geográfica B		Horas de Sol	Irradiación Media Útil Superficie Horizontal	Temperatura Ambiente
		Orientación	Inclinación	Localidad	Superficie Inclinada				
	MJ / (m2 día)	180 °	40 °	%	MJ / (m2 día)	MJ / (m2 mes)		W / m2	°C
ENE	12,09	1,00	1,24	100	15,00	464,89	8,0	520,51	21
FEB	15,03	1,00	1,15	100	17,29	484,08	9,0	533,40	22
MAR	20,46	1,00	1,04	100	21,27	659,52	9,0	656,38	23
ABR	24,30	1,00	0,92	100	22,36	670,70	9,5	653,46	24
MAY	28,92	1,00	0,84	100	24,29	752,96	9,5	709,94	26
JUN	29,81	1,00	0,80	100	23,85	715,48	9,5	697,09	27
JUL	32,96	1,00	0,84	100	27,68	858,19	9,5	809,16	27
AGO	29,92	1,00	0,93	100	27,83	862,61	9,5	813,32	27
SEP	23,84	1,00	1,06	100	25,27	758,11	9,0	779,66	26
OCT	18,22	1,00	1,21	100	22,04	683,29	9,0	680,04	24
NOV	12,14	1,00	1,30	100	15,79	473,62	8,0	547,97	23
DIC	10,45	1,00	1,30	100	13,59	421,23	7,5	503,07	21
Total	21,51	1,00	1,05	100 %	21,35	650,39	8,92	705,07	24,2

Podemos extraer de la anterior tabla que el mes más desfavorable es Diciembre, con una radiación solar de 13.590 KJ/m^2 al mes. La hora solar pico (**HSP**) para este mes es:

13.590 KJ/m^2 al mes * 0,0239 * 0,0116 = **3,77 HSP**

Características de los Módulos Fotovoltaicos

- **Potencia**: 200 W

- **Corriente máxima potencia**: 7,72 A

- **Tensión máxima potencia**: 25,9 V

- **Corriente corto circuito**: 8,5 A

- **Tensión circuito abierto**: 32,4 V

Basándonos en las características de los módulos fotovoltaicos, pretendemos calcular cuántos serán necesarios colocar en la instalación del campo solar de la vivienda que nos compete en este caso. Para ello, debemos centrar nuestros estudios en el caso del mes más desfavorable que, como citamos anteriormente, es Diciembre. El número de módulos conectados en paralelo (**NumModPar**) necesarios se obtiene a partir de los siguientes cálculos:

Corriente máxima potencia * **HSP** = 7,72 * 3,77 = 29,1 A/h

NumModPar = energía total necesaria / 29,1 A/h = 125,5 / 29,1 =

4,3 Módulos fotovoltaicos

Por lo tanto, si queremos cubrir estas necesidades durante todo el año, tendremos que instalar 5 Módulos fotovoltaicos.

Kit de prácticas fotovoltaico

Cálculo fotovoltaico de viviendas

Se desea calcular una instalación eléctrica de energía solar fotovoltaica, para un edificio de dos plantas y una vivienda por planta.

El consumo de cada vivienda es el siguiente:

CONSUMOS	PISO 1°	PISO 2°
Iluminación	150W – 5 h/día	90W – 6 h/día
Electrodomésticos	700W – 4 h/día	500W – 4 h/día
Calefacción		3000W – 4 h/día
Otros consumos	220W – 2 h/día	150W – 2 h/día

- El edificio está situado en Oviedo.
- Los paneles solares proporcionan 4A/48W.
- Los acumuladores a utilizar son de 75Ah/12V.
- Convertidor de 24V de entrada y 220V de salida/rendimiento del 89%.
- Se deberá dibujar, con la simbología normalizada, el circuito completo de la instalación que alimente los cuadros de mando y protección de cada vivienda.

Consumos totales:

(Se deberá tener en cuenta el rendimiento del convertidor r=89%)

Iluminación:
P1: 150W / 0.89 x 5 horas = 843 W/día
P2: 90W / 0.89 x 6 horas = 606 W/día
Electrodomésticos:
P1: 700W / 0.89 x 4 horas = 3146 W/día
P2: 500W / 0.89 x 4 horas = 2247 W/día

Calefacción:
P2: 3000W / 0.89 x 4 horas = 13483 W/día

Otros:

P1: 220W / 0.89 x 2 horas = 494 W/día

P2: 150W / 0.89 x 2 horas = 338 W/día

TOTAL DE CONSUMOS: Pt1 + Pt2 = 21157 W/día

Consumo total en Ah:

$$Q = \frac{P_{TOTAL}}{V_{CONVERTIDOR}} \text{Ah/día}$$

Q = 21157 W / 24 V = 882 Ah

Aplicando ahora el aumento estimado para toda instalación fotovoltaica del 20%, nos quedará un consumo máximo diario de:

Q + 20 % = 882 + 20 % = 1058 Ah/día

Paneles solares:

Nº de paneles (N) en serie para obtener la tensión del convertidor:

$$N = \frac{V_{CONVERTIDOR}}{V_{PANELES}} = \frac{24V}{12V} = 2 \text{ Paneles en serie.}$$

V de cada panel: 48W / 4A $\Rightarrow$ 12V

Nº de series de paneles (m):

$$m = \frac{Q + 20\%}{I_{PANEL} \times HPS}$$

m = 1058 / 4 x 4 = 66,12 = 67 series

Nº total de paneles:

67 series de 2 paneles/serie = 134 paneles solares

Acumuladores:

(Con baterías de 75A/12V)

Al no indicarnos el valor de la descarga máxima tomaremos el valor de 70% como dato genérico y máximo en baterías.

Capacidad mínima:

$$C_{min} = \frac{Q + 20\%}{\%_{descarga}}$$

Cmin = 1058 / 0,70 = 1511,42 Ah/día

Capacidad mínima total: (Multiplicando la Cmin x la autonomía)

(C_{min} x Autonomía) = 1511,42 x 25 días = 37785,5 Ah

Capacidad mínima total por horas de sol:

$$C_{min.TOTAL} = (Q + 20\%)$$ x Autonomía (25 días)

CminTotal = 1058 x 25 = 26450 Ah

Debemos estimar el valor más alto de los dos obtenidos y que en este caso es el obtenido por "capacidad de las baterías o acumuladores":

Cmin Total = 37785 Ah

Acumuladores:

Para obtener la tensión de entrada del convertidor (24V) con acumuladores (baterías) de 12V, debemos de conexionar grupos en series de dos baterías y así obtener el voltaje adecuado.

Nº de baterías (N):

Nº Baterias =
Ah Totales / I bateria = = 37785 Ah / 75 A = 504 x 2 series

Nº total de baterías:

Nº de baterías x nº en serie $\Rightarrow$
504 x 2 (en serie) = 1008 baterías

El número de convertidores y reguladores dependerá de la intensidad total a circular por la instalación final, lo que quiere decir que deberemos saber las características eléctricas de estos dos elementos y colocar en conexión paralelo los necesarios para controlar y distribuir toda esa intensidad eléctrica por la instalación.

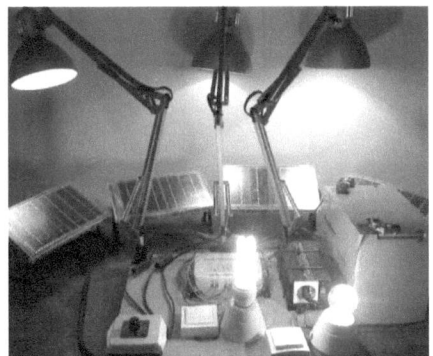
Kit fotovoltaico

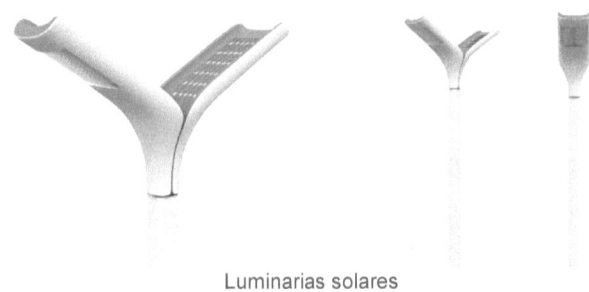
Luminarias solares

BOMBEO SOLAR FOTOVOLTAICO

Definiciones

Altura de fricción: H_f (m):
Contribución equivalente en altura de las pérdidas por fricción en las tuberías para un caudal determinado.

Altura del depósito: H_D (m):
Altura entre el depósito de agua y el suelo.

Altura total equivalente: H_{TE} (m):
Altura fija (constante ficticia) a la que se habría tenido que bombear el volumen diario de agua requerido.

Volumen diario de agua requerido: Q_d (m^3/día):
Cantidad de agua que debe ser bombeada diariamente por el sistema fotovoltaico.

Caudal medio o aparente: Q_{AP} (m^3/h):
Valor medio del volumen diario de agua requerido ($Q_{AP} = Q_d$/ 24).

Eficiencia de la motobomba: $ń_{MB}$:
Cociente entre la energía hidráulica y la energía eléctrica consumida por la motobomba.
Energía eléctrica consumida por la motobomba: E_{MB} (Wh/día).

Energía hidráulica: E_H (Wh/día):

Energía necesaria para bombear el volumen diario de agua requerido.

Prueba de bombeo:

Experimento que permite determinar el descenso de nivel de agua de un pozo al extraer un determinado caudal de prueba. Mediante este ensayo de bombeo se caracteriza el pozo con la medida de tres parámetros:

–Nivel estático del agua: H_{ST} (m).

Distancia vertical entre el nivel del suelo y el nivel del agua antes de la prueba de bombeo.

–Nivel dinámico del agua: H_{DT} (m).

Distancia vertical entre el nivel del suelo y el nivel final del agua después de la prueba de bombeo.

–Caudal de prueba: Q_T (m^3/ h).

Caudal de agua extraído durante la prueba de bombeo.

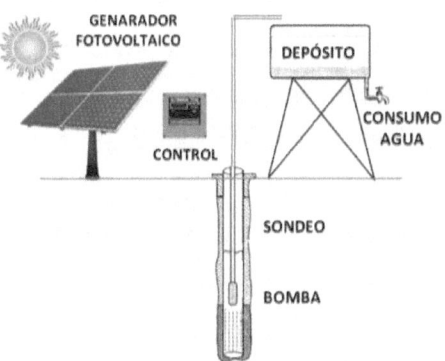

Esquema general del bombeo solar

La obtención de agua del subsuelo ha sido la base de la supervivencia de muchas sociedades instaladas en climas áridos y semiáridos alejados de ríos o lagos a lo largo de la historia.

La extracción del agua subterránea requiere de una cantidad importante de energía. Es por ello por lo que hasta la revolución industrial, para el uso de volúmenes grandes de agua subterránea se emplearon sistemas mecánicos de impulso que empleaban fuentes de energía naturales (fuerza motriz de origen animal, molinos de viento etc.).

Con la aparición de la electricidad se dispuso de una fuente de energía abundante y de una serie de avances técnicos como son la bomba hidráulica eléctrica, que hicieron accesible el empleo del agua subterránea a muchas más personas.

Sin embargo actualmente urge la necesidad de reducir el consumo de electricidad proveniente de centrales que queman combustibles fósiles y de la fuerte dependencia que se crea en torno a ellos.

Con el empleo de paneles solares fotovoltaicos para el bombeo de agua subterránea se combinan los avances técnicos asociados a la electricidad (bombas eléctricas) junto con lo atractivo de contar con una fuente de energía autóctona y renovable.

El costo de la instalación es el único desembolso importante que se hará, ya que el mantenimiento que requiere este tipo de sistemas es mínimo y su funcionamiento, al emplear la energía del Sol, es gratuito. Es posible realizar instalaciones de cualquier tamaño.

El Agua subterránea: Origen y localización

Toda el agua que está almacenada en el subsuelo procede de la lluvia. Cuando el agua de lluvia toca el suelo tiene 3 destinos diferentes y simultáneos:

- Evapotranspiración: Cuando el agua se evapora y vuelve a la atmósfera ya sea directamente del suelo o a través de las hojas de las plantas una vez absorbida por estas.

- Escorrentía: Cuando el agua fluye por la superficie y forma arroyos o ríos.

- Infiltración en el suelo: Es el agua que es absorbida por la tierra y queda como agua subterránea que puede ser extraída por bombeo.

La fracción de agua de lluvia que se dirige hacia cada uno de estos destinos depende de diversos factores como el clima, la vegetación, la naturaleza del terreno, su inclinación etc.

El agua subterránea, al tener su origen en la lluvia, se recarga regularmente en función del régimen de pluviosidad.

En las áreas desérticas principalmente, existen también las llamadas aguas fósiles. Se trata de bolsas de agua que se formaron en épocas pasadas en las cuales el clima era lluvioso. (Por ejemplo se sabe qué hace en torno a los 10000 años buena parte del Sahara tenía un clima parecido al actual mediterráneo). Este tipo de aguas subterráneas ya no se recargan.

El agua subterránea normalmente está impregnada en la tierra, (como si la tierra fuera una esponja que retiene el agua) y se mantiene en un nivel no necesariamente horizontal ni paralelo con el suelo llamado nivel freático. En los terrenos calcáreos el agua disuelve la roca y se forman ríos subterráneos, simas, grutas, cenotes etc.

Un pozo es en sí una excavación que alcanza el nivel freático. Cuando retiramos una cantidad de tierra a ese nivel quedará una porción de agua pura que será la que se puede extraer. En este caso por medio de la energía solar fotovoltaica.

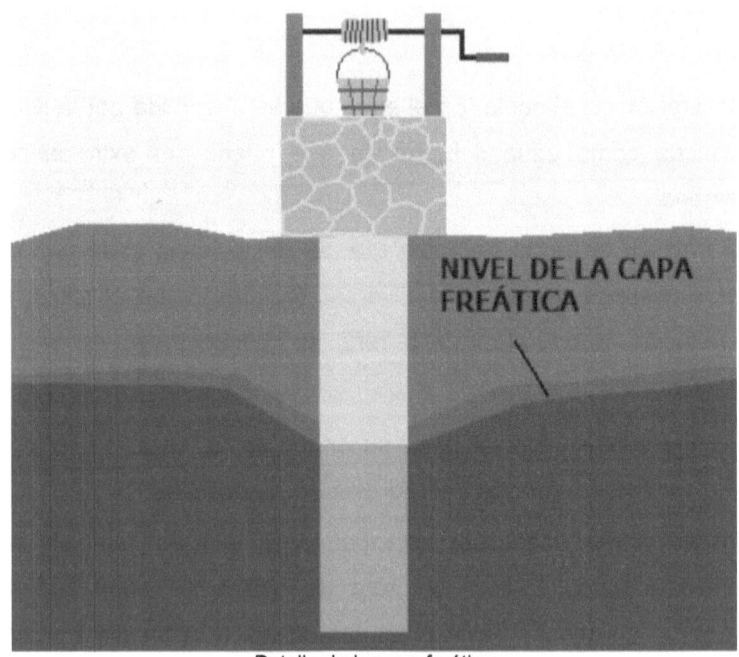

NIVEL DE LA CAPA FREÁTICA

Detalle de la capa freática

Instalaciones solares fotovoltaicas para el bombeo solar

Paneles solares:

El panel solar es el encargado de transformar la energía solar en electricidad. El tipo de electricidad que proporcionan los paneles solares fotovoltaicos es de corriente continua.

Bomba:

Es el elemento encargado de tomar el agua del pozo e impulsarla hasta el lugar en donde se requiere. Existen múltiples tipos de bombas en función de la técnica de impulsión que utilicen aunque en general pueden dividirse en dos grandes grupos: centrífugas y volumétricas.

También existen otras divisiones como las de bombas sumergibles y no sumergibles (en el agua del pozo) o aquellas que trabajan con corriente continua y con corriente alterna. Este último tipo de bomba para poder conectarla a los paneles solares o a la batería requerirá de un transformador de corriente.

Batería (opcional):

Elemento encargado de almacenar la energía eléctrica proporcionada por los paneles para su posterior uso en los momentos en los que no hay radiación solar o no en la suficiente potencia. En las instalaciones fotovoltaicas para bombeo la batería no se justifica en la mayoría de los casos. Con un correcto dimensionado se puede bombear la cantidad suficiente de agua necesaria durante las horas de radiación solar y así evitar este costoso componente.

Además en caso de necesitarse una reserva, el agua en si misma se puede almacenar en depósitos con lo que se evitaría las pérdidas energéticas que ocasiona la batería.

Reguladores:

Cuando la instalación consta de un acumulador será necesario el empleo de un regulador que evite sobrecargas perjudiciales para la batería.

Dispositivos optimizadores de potencia:

La corriente eléctrica tiene dos magnitudes: la tensión (medida en Voltios) y la intensidad (medida en Amperios). Del producto de estos dos factores se obtiene la potencia (medida en Watios). La potencia es la capacidad que tiene una máquina para desarrollar un trabajo en un tiempo determinado. Cuando durante las primeras y las últimas horas del día la radiación solar es débil el panel solar genera un tipo de corriente con casi la tensión máxima de la que es capaz pero con poca intensidad. El producto de ambos elementos da como resultado una potencia insuficiente para activar la bomba.

El dispositivo optimizador de potencia es un transformador de corriente continua a corriente continua que modifica los parámetros de tensión e intensidad que proporciona el panel solar fotovoltaico buscando siempre el punto de mayor potencia posible. Es decir cuando la tensión es alta y la intensidad baja (como cuando la radiación solar es débil), este dispositivo aumenta la intensidad a costa de bajar la tensión para que la potencia resultante sea lo más alta posible, optimizándola. De esta manera se consigue enviar a la bomba corriente en potencia suficiente para que comience antes su funcionamiento en las primeras horas del día y termine más tarde en las últimas. Así se gana tiempo de bombeo y por lo tanto rendimiento. Suele tratarse de un dispositivo costoso y en instalaciones pequeñas no se suele emplear por no justificarse suficientemente.

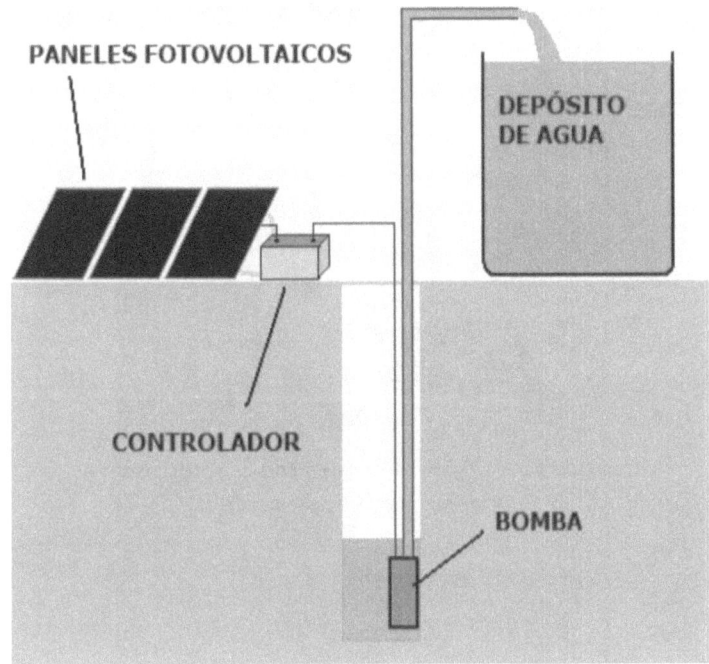

Esquema de una instalación solar fotovoltaica para bombeo sin batería

Funcionamiento de una instalación de bombeo solar fotovoltaico

El funcionamiento de este tipo de instalación es en sí sencillo. Los paneles solares puestos al sol transforman la luz en electricidad que sirve para alimentar la bomba que extrae el agua del subsuelo.

En los casos en que la instalación cuenta con batería, los paneles alimentan la batería y desde ésta a la bomba.

Cuando los paneles alimentan directamente a la bomba se produce una fluctuación del flujo del agua bombeada en función de la variación de la intensidad de la radiación solar a lo largo del día. Así en las primeras horas el flujo de agua será pequeño e irá aumentando conforme nos acercamos a las horas centrales del día cuando es máxima la radiación. A partir de este momento vuelve a descender hasta que se hace nulo en el momento de anochecer.

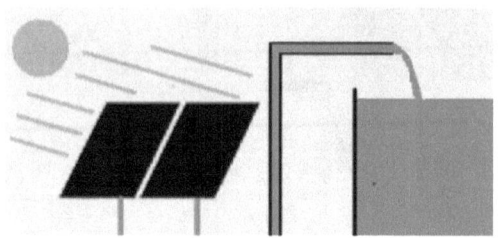

Con radiación solar débil el panel proporciona poca potencia
y la bomba extrae poco caudal

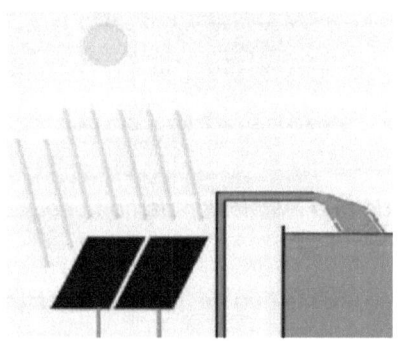

Con radiación solar fuerte el panel proporciona mucha potencia
y la bomba extrae mucho caudal de agua

Factores a tener en cuenta a la hora de realizar una instalación solar fotovoltaica para el bombeo de agua

Para poder llevar a cabo con éxito la ejecución y la explotación de un sistema de bombeo fotovoltaico es preciso tener en cuenta determinados aspectos:

Conocer la cantidad de agua necesaria: En primer lugar es importante tener un conocimiento lo más preciso posible del volumen de agua real que es necesario bombear. Es habitual que hasta los propios usuarios desconozcan la cantidad precisa que utilizan. Una mala estimación puede llevar a diseñar una instalación solar para un volumen que puede llegar a resultar insuficiente. Es recomendable contar con un especialista en la materia que ayude a determinar la cantidad de agua adecuada.

Este tipo de instalaciones se dimensionan en función del volumen de agua que se requiere y de la radiación solar disponible. Si el volumen de agua es insuficiente será imposible dejar la bomba más tiempo funcionando ya que no habrá más radiación solar que las horas de Sol que tiene el día.

También puede ser interesante calcular un volumen extra de agua de reserva para los días en los que no pueda haber Sol. Para esto habrá que realizar un dimensionado en función de las estadísticas de días consecutivos sin Sol de la zona donde se esté la instalación.

Afortunadamente en este tipo de instalaciones se da la coincidencia de que cuando hay Sol (y por lo tanto más calor y necesidad de agua, más transpiración) es cuando también hay más energía disponible para bombearla del subsuelo.

Determinar adecuadamente la profundidad del pozo en todas las estaciones: Es importante conocer el nivel del agua en el interior del pozo en los momentos de abundancia (Etapas lluviosas) y en los de escasez (Sequías). Si no se tiene en cuenta este aspecto puede ocurrir que en los momentos de sequía, con el nivel del agua bajo, la bomba carezca de potencia suficiente para bombear o que se haga en cantidad insuficiente. No se requerirá la misma potencia para elevar el agua desde una profundidad de 40 metros que desde sólo 25. Si una instalación está diseñada para bombear un volumen concreto de una profundidad máxima de 30 metros, en los momentos en los que el nivel supere esta profundidad, no se bombeará la cantidad suficiente de agua.

Es por ello por lo que se debe contar con un experto que determine correctamente las fluctuaciones de la capa freática a lo largo del año y también en función de los datos climáticos de la región en los ciclos de sequía de varios años.

Conocer la capacidad de recarga de los acuíferos: Es muy importante cerciorarse antes de ejecutar una instalación de que el acuífero tiene la suficiente capacidad de recarga para obtener de él regularmente la cantidad de agua que se precisa. De no ser así el acuífero terminará por agotarse y la instalación podría ser totalmente inútil. De nuevo el experto en la materia será el que pueda precisar este punto. Por último siempre se recomienda que la instalación la ejecute personal con la suficiente preparación y en caso de adquirir Kits de bombeo fotovoltaico siempre asesorarse por personal cualificado ya que como se ha visto cada lugar ofrece unas características particulares que hay que tener en cuenta.

Instalaciones del bombeo solar

Dimensionamiento de bombas para la extracción de agua

El dimensionamiento de equipos para la extracción de agua es realizado después de definidos los parámetros de la perforación a ser utilizada, el caudal de producción o caudal que se pretende utilizar, el nivel estático y el nivel dinámico para el caudal deseado. Otro factor necesario es la ejecución de un pequeño proyecto de instalación donde deben ser determinados los datos referentes a la distancia del pozo de extracción al tanque de agua, el desnivel (altura manométrica) los diámetros de aspiración y elevación, la longitud de los tramos de cañerías y la definición de las conexiones necesarias (llaves, curvas, válvulas, etc). Esas informaciones permiten el cálculo de la altura manométrica total que, conjuntamente con el valor de caudal deseado del proyecto, determinará el modelo de bomba a ser utilizada, mediante la consulta al catálogo del fabricante, que informa también la curva de rendimiento de la bomba y la potencia del motor exigida para el caso específico. Escojamos el sistema de nuestro interés (centrífuga, inyectora o de inmersión) y calculemos la altura manométrica total de nuestro proyecto.

Con ese dato y con el caudal deseado, es posible encontrar entre los diversos fabricantes el modelo ideal para nuestro caso específico. Debemos recordar que las bombas centrífugas presentan limitaciones específicas con relación a la profundidad de aspiración.

Bombas centrífugas

Para el cálculo de la altura manométrica total en un sistema utilizando una bomba centrífuga, debemos considerar los siguientes ítems:

· Altura de aspiración

· Altura de elevación

· Pérdida por rozamientos en las cañerías de aspiración y elevación (está en tablas)

· Pérdida por rozamientos en las conexiones (está en tablas)

· Caudal deseado

El modelo esquemático de abajo muestra un proyecto típico utilizando una bomba centrífuga y los parámetros a ser considerados para el cálculo de la altura manométrica total.

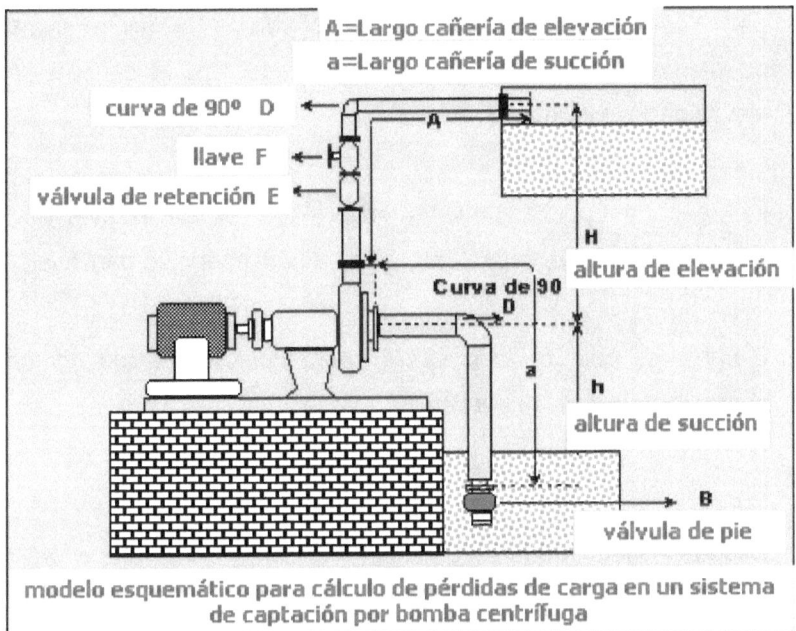

modelo esquemático para cálculo de pérdidas de carga en un sistema de captación por bomba centrífuga

El número y el tipo de conexiones en la práctica es variable para cada situación.

Cálculo de la altura manométrica total (AMT)

AMT= Altura manométrica de aspiración (AMA) + Altura manométrica de elevación (AME).

AMS= Pérdidas por rozamiento en la cañería de aspiración + suma de las pérdidas de presión en cada conexión de la cañería de aspiración + la altura de aspiración (h).

AMR= pérdidas por rozamiento en la cañería de elevación + suma de pérdidas de presión en las conexiones de la cañería de elevación + altura de elevación (H).

Las pérdidas por rozamiento en cañerías y conexiones son obtenidas en tablas específicas para cada diámetro en particular.

Ejemplo de cálculo de una AMT para un sistema con bomba centrífuga y definición del tipo de bomba

Consideramos las siguientes condiciones:

Caudal deseado: 35 m3/h

Cañería de aspiración: 3"

Cañería de elevación: 2 ½"

Altura de elevación: (H): 7,7 metros

Altura de aspiración (h): 2 metros

Largo de la cañería de aspiración (a) = 6 metros

Largo de la cañería de elevación (A) = 30 metros

Cálculo de la altura manométrica total de aspiración (AMA)

AMA = perdidas por rozamiento en la cañería de aspiración + suma de las pérdidas de presión en cada conexión de aspiración + altura de aspiración (h)

Largo de la cañería de aspiración (a) = 6m

Pérdida por rozamiento en 6 metros de cañería de 3" (ver TABLA) = 5,7% x 6m= 0,34m

Pérdidas de presión en cada conexión de aspiración – pérdidas de presión en la válvula de retención (B) de 3" (ver TABLA) = 0,80m

Pérdidas de presión en curva (D) de 90º de 3" (ver TABLA) =0,15m

Altura de aspiración (h) = 2m

AMA = (0,34m) + (0,80m+0,15m) + (2m) =3,29m

Cálculo de la altura manométrica total de elevación (AME)

AME = Pérdidas por rozamiento en la cañería de elevación + suma de las pérdidas de presión en cada conexión + altura de elevación (A) = 30m

Pérdida por rozamiento en 30 metros de cañería de 2 ½" (ver TABLA) = 16% x

30m = 4,8m

Pérdidas de presión en la válvula de retención 2 ½ (E) (ver TABLA) = 0,75 m

Pérdida de presión en curva (D) de 90º de 2 ½" (ver TABLA) = 0,30m

Altura de elevación (H) = 7,7m

AME = (4,8m) + (0,45m) + (0,3m) + (7,7m) = 14m

Cálculo de la altura manométrica total del sistema (AMT):

AMT = AME + AMA = 3,29m + 14m = 17,29m

Nota: Para asegurar eventuales desgastes de la bomba y/o reducción de la sección en la cañería debido a incrustaciones, debemos aplicar una tasa de seguridad a ese valor de 5% a 10%. Entonces tendríamos 17,29m x 10% = 19,01m como altura manométrica total para las condiciones propuestas.

Tomando como ejemplo la tabla de debajo de bombas centrífugas de la serie 6/III INAPI, podemos definir como modelo apto para nuestros cálculos, la bomba de modelo 6/III A de 3" de aspiración, 2 ½" de elevación, caudal de 35m3/h, altura manométrica de 19m y potencia de 5CV

Modelo	Sucção	Recalque	Ø Rotor	VAZÃO (m3/h)												CV
	polegadas			10	20	30	35	40	45	50	55	60	65	70	75	
				ALTURA MANOMÉTRICA (m)												
6/III-A	3	2½	205	19.5	19.4	19.2	19.0	18.6	18.4	17.8	17.2	16.4	15.2	14.0	12.0	5
6/III-B	3	2½	200	18.2	18.1	17.8	17.6	17.4	16.8	16.3	15.6	14.6	13.4	12.0	10.0	
6/III-C	3	2½	190	16.2	16.0	15.7	15.5	15.2	14.7	14.2	13.2	12.2	11.0	9.5		4
6/III-D	3	2½	180	14.5	14.2	13.8	13.5	13.0	12.5	11.5	10.5	9.0				3
G/III-E	3	2½	170	12.8	12.6	12.2	11.8	11.2	10.5	9.5	8.0					2

(succaô=succión; vazaô=caudal; recalque=elevación)

Bombas inyectoras

Para la selección de una bomba inyectora debemos conocer los siguientes ítems:

Q: Caudal deseado

Nd: Nivel dinámico

Ne: Nivel estático

Hr: Altura de elevación

Dp: Diámetro de la perforación

A: Longitud de la cañería de elevación

El modelo esquemático de abajo muestra un proyecto típico utilizando una bomba inyectora y los parámetros que debemos considerar para el cálculo de la altura manométrica. Desde ya, el número y el tipo de conexiones en la práctica es variable.

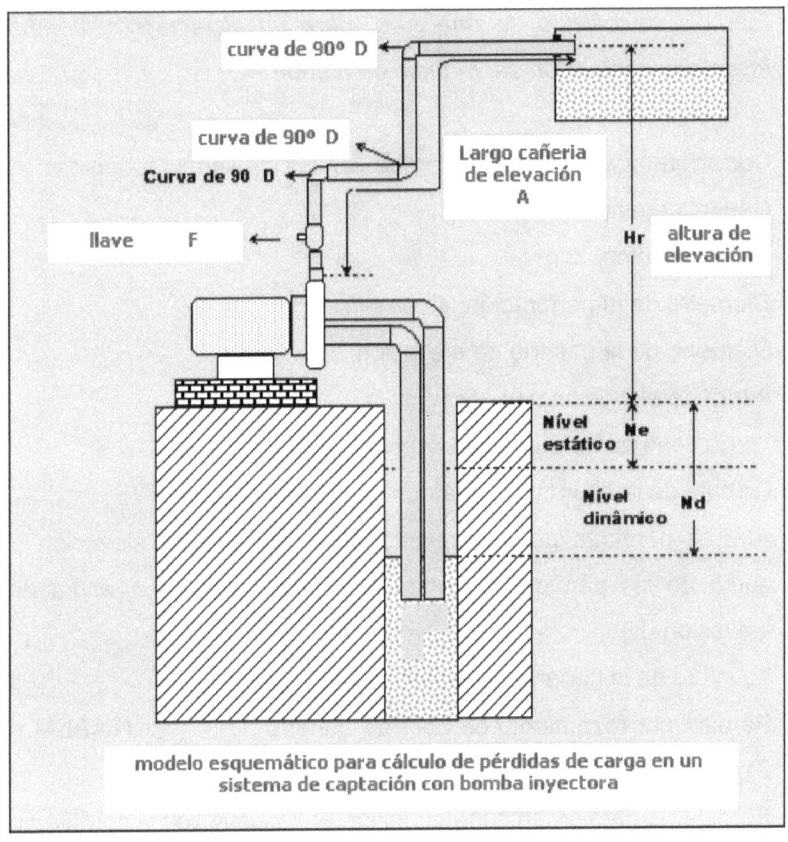

curva de 90° D

curva de 90° D

Curva de 90 D

Largo cañeria de elevación A

llave F

Hr altura de elevación

Nível estático Ne

Nível dinâmico Nd

modelo esquemático para cálculo de pérdidas de carga en un sistema de captación con bomba inyectora

Cálculo de la altura manométrica de elevación (AME)

AME = Perdidas por rozamiento en la cañería de elevación + suma de pérdidas de presión en cada conexión de elevación + altura de elevación (H).

Las pérdidas por rozamiento en cañerías y conexiones son obtenidas de tablas específicas para cada diámetro en particular.

Ejemplo de cálculo de una AME para un sistema con bomba inyectora y selección del modelo de bomba

Consideremos el modelo de arriba con los siguientes requisitos:

Caudal deseado: 3 m3/h

Nivel dinámico: 30m

Diámetro de la perforación: 4"

Diámetro de la cañería de elevación: 1"

Altura de elevación (H): 15m

Largo de la cañería de elevación (A): 25m

Cálculo de la altura manométrica total de elevación (AME)

AME = pérdidas por rozamiento en la cañería de elevación + suma de las pérdidas de presión x cada conexión + altura de elevación (H)

Longitud de la cañería de elevación (A) = 25m

Pérdida por rozamiento en 25m de cañería de 1" (ver (TABLA) = 21,5% x 25m = 5,37m

Pérdida de presión en cada conexión en la elevación – pérdida de presión llave (F) (ver TABLA) = 0,18m

Pérdida de presión en tres curvas (D) de 90º de 1" (ver TABLA) = 0,36m

Altura de elevación (H) = 15m

AME = (5,37m) + (0,18m) + (0,36m) + (15m) = 20,91m

Tomando como ejemplo la tabla de abajo correspondiente a una bomba inyectora de la serie IN, podemos seleccionar como modelo apto para nuestro proyecto, la IN-A7 como caudal de 3 m3/h, nivel dinámico de 28 metros y elevación disponible de 24 metros. Observemos que la elevación disponible es mayor que la solicitada en el proyecto.

Série	Tubulação (") Sucção	Recalque	CV	Injetor	10	12	14	16	18	20	22	24	26	28	30	32	34	36	38	40	42	44	46	48	50	53	Prof. de Recalque injetor	Prof. de Recalque disponível
					Vazão em m3/h																							
IM.A6	1½"	1½" 1	2	20IA-6	7.0	6.5	5.8	5.2	4.6	3.8	3.2																10	18
	1½"	1½" 1		28IA-6			4.1	3.8	3.6	3.0	2.7	2.3	2.2														21	21
	1½"	1½" 1		38IA-6									2.2	2.1	2.0	1.9	1.8	1.5									25	22
	1½"	1½" 1		48IA-6														1.6	1.5	1.4	1.3	1.2	1.1	1.0	0.9	0.7	33	26
IM.A7	1½"	1½" 1	3	20IA-7	6.5	5.8	5.7	5.6	5.5	5.0	4.5																10	20
	1½"	1½" 1		28IA-7				5.5	5.0	4.5	3.8	3.3	3.0	2.5													16	21
	1½"	1½" 1		38IA-7								4.0	3.5	3.0	2.7	2.5	2.3										29	24
	1½"	1½" 1		48IA-7													2.0	1.9	1.8	1.6	1.4	1.3	1.2	1.0	0.9	0.8	33	30

219

Bombas sumergidas

Para la selección de una bomba sumergida debemos conocer los siguientes ítems:

Q: Caudal deseado

Nd: Nivel dinámico

Ne: Nivel estático

Hr : Altura de elevación

Dp: Diámetro de la perforación

A: Longitud de la cañería de elevación

PC: Profundidad de colocación de la bomba

El modelo esquemático de abajo muestra un proyecto típico utilizando una bomba sumergida.

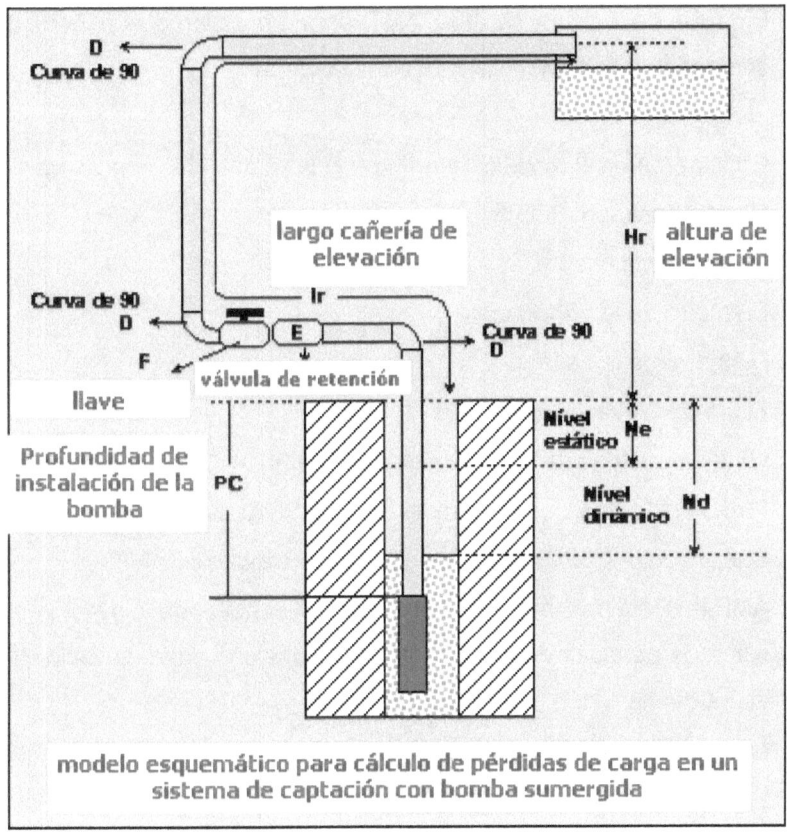

modelo esquemático para cálculo de pérdidas de carga en un sistema de captación con bomba sumergida

Cálculo de la altura manométrica total (AMT)

AMT = Altura manométrica de elevación (AME) + nivel dinámico (Nd)

AME = Pérdidas por rozamiento en la cañería de elevación + suma de pérdidas de presión en cada conexión en la elevación + altura de elevación (Hr)

Las pérdidas por rozamiento en cañerías y conexiones son obtenidas en tablas específicas para cada diámetro en particular.

Ejemplo de cálculo de una AMT para un sistema con bomba sumergida y selección del modelo de bomba

Consideremos el modelo de arriba con las siguientes condiciones:

Caudal deseado: 8m3/h

Nivel dinámico: 50m

Diámetro de la perforación: 4"

Diámetro de la cañería: 2"

Altura de elevación (Hr): 15m

Longitud de la cañería de elevación (A) = 80 m

Profundidad de colocación de la bomba: 55m

Cálculo de la altura manométrica total de elevación (AME)

AMR = Perdidas por rozamiento en la cañería de elevación + suma de pérdidas de presión en cada conexión en la elevación + altura de elevación (Hr)

Largo de la cañería de elevación (A) = 80 m

Pérdida por rozamiento en 80 metros de cañería de 2" (ver TABLA) = 3,9% x 25m = 0,975m

Pérdidas de presión en cada conexión en la elevacón – pérdida de presión en registro de gaveta 2" (F) (ver TABLA) = 0,06m

Pérdida de presión en tres curvas (D) de 90° de 1" (ver TABLA) = 0,12m

Pérdida de presión en la válvula de retención de 2" (E) (ver TABLA) = 0,11m

Altura de elevación (Hr) = 15m

AME = (0,975m) + (0,06m) + (0,12m) + (0,11m) + (15m) = 16,265m

AMT = AMR + Nd = 16,265m + 50m = 66,26m

Tomando como ejemplo la tabla de abajo de la bomba sumergida de la serie SK KING para perforaciones de 4", podemos seleccionar como modelo apto para el proyecto propuesto la SK 3.0 –92/15B con una caudal de 8,0 m3/h y potencia de 3CV.

MODELO	CV	ALTURA MANOMÉTRICA TOTAL (m)												Altura máxima (m)
		25	30	35	40	45	50	55	60	65	70	75	80	
SK 5.0 - 92/11B	3	13.8	12.5	11.1	10.0	8.9	7.6	6.2	5.3	4.5	3.6			75
SK 5.0 - 92/12B	3		13.1	11.9	10.7	9.7	8.7	7.5	6.4	5.5	4.2	3.3	2.5	83
SK 5.0 - 92/13B	3			12.2	11.1	10.1	9.3	8.2	7.3	6.2	5.2	4.1	3.3	88
SK 5.0 - 92/14B	3			12.9	12.0	11.0	10.0	9.1	8.1	7.2	6.1	5.3	4.3	95
SK 5.0 - 92/15B	3				12.2	11.5	10.5	9.9	8.8	8.0	6.8	6.0	5.0	102

Bomba solar

DOCUMENTACIÓN A INCLUIR EN LAS MEMORIAS

Consumo diario de energía eléctrica

Servicio	Energía diaria (Wh/día)
E_D (Wh/día)	

Sistemas de bombeo de agua

Parámetro	Valor
Volumen de agua diario requerido Q_d (m³/día)	
Altura del depósito H_D (m)	
Profundidad del pozo (m)	
Altura total equivalente H_{TE} (m)	
Rendimiento de la motobomba η_{MB}	
Prueba de bombeo	
Nivel estático del agua H_{ST} (m)	
Nivel dinámico del agua H_{DT} (m)	
Caudal de prueba Q_T (m³/h)	

Dimensionado del generador

Parámetro	Unidades	Valor	Comentario
Localidad			
Latitud ϕ			
E_D	kWh/día		Consumo de la carga
Período diseño			Razón:
$(\alpha_{opt},\ \beta_{opt})$			
$(\alpha,\ \beta)$			
$G_{dm}(0)$	kWh/(m$^2 \cdot$ día)		Fuente:
FI			$FI = 1 - [1,2 \times 10^{-4}(\beta-\beta_{opt})^2 + 3,5 \times 10^{-5}\ \alpha^2]$
FS			Causa:
PR			
$G_{dm}(\alpha,\ \beta)$	kWh/(m$^2 \cdot$ día)		$G_{dm}(\alpha,\ \beta) = G_{dm}(0) \cdot K \cdot FI \cdot FS$
$P_{mp,\ mm}$	kWp		$P_{mp,\ mm} = \dfrac{E_D\ G_{CEM}}{G_{dm}(\alpha,\beta)\ PR}$

Dimensionado final del sistema

Parámetro	Unidades	Valor	Comentario
P_{mp}	Wp		Potencia pico del generador
C_{20}	Ah		Capacidad nominal del acumulador
PD_{max}			Profundidad de descarga máx. permitida por el regulador
η_{inv}			Rendimiento energético del inversor
η_{rb}			Rendimiento energético del regulador-acumulador
V_{NOM}	V		Tensión nominal del acumulador
L_D	Ah		Consumo diario de la carga ($L_D = E_D/V_{NOM}$)
A	Días		Autonomía: $A = \dfrac{C_{20}\ PD_{max}}{L_D}\ \eta_{inv}\ \eta_{rb}$
C_{20}/I_{sc}	h		$C_{20}/I_{sc} < 25$ para el caso general

ESQUEMAS FOTOVOLTAICOS

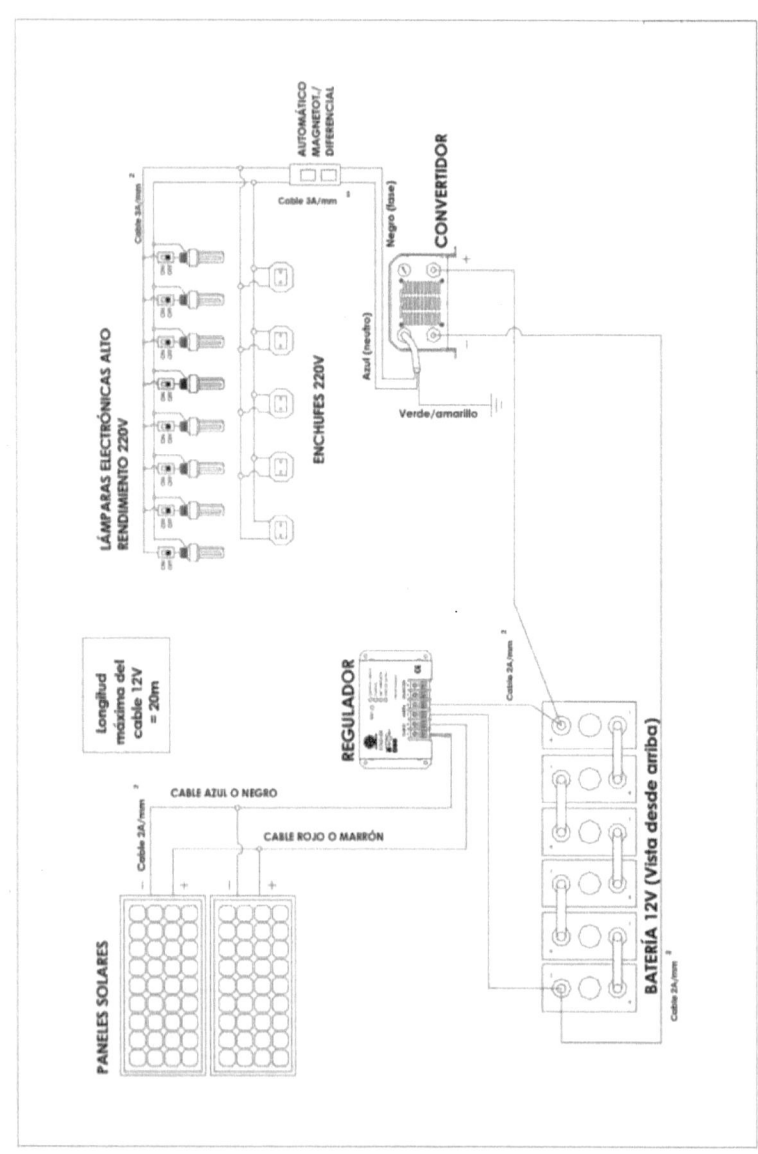

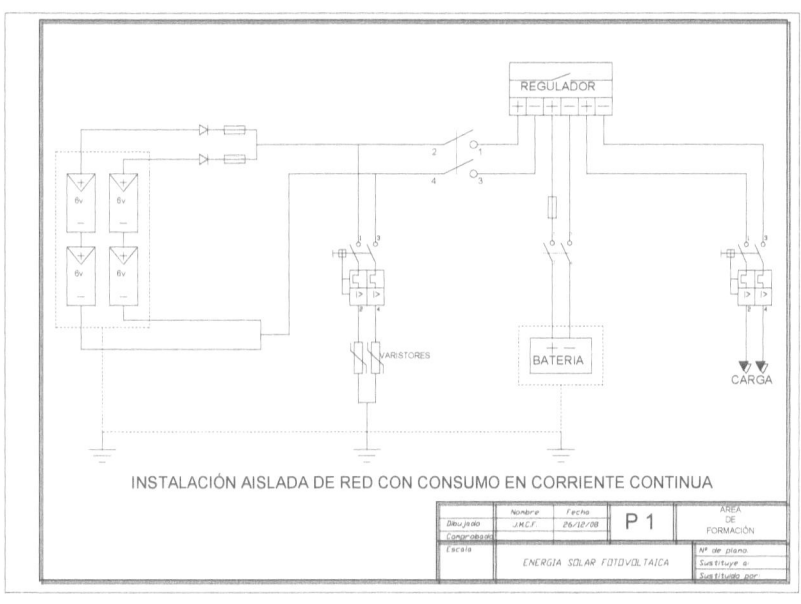

INSTALACIÓN AISLADA DE RED CON CONSUMO EN CORRIENTE CONTINUA

	Nombre	Fecha	P 1	AREA DE FORMACIÓN
Dibujado	J.M.C.F.	26/12/08		
Comprobado				
Escala			Nº de plano	
	ENERGIA SOLAR FOTOVOLTAICA		Sustituye a:	
			Sustituido por:	

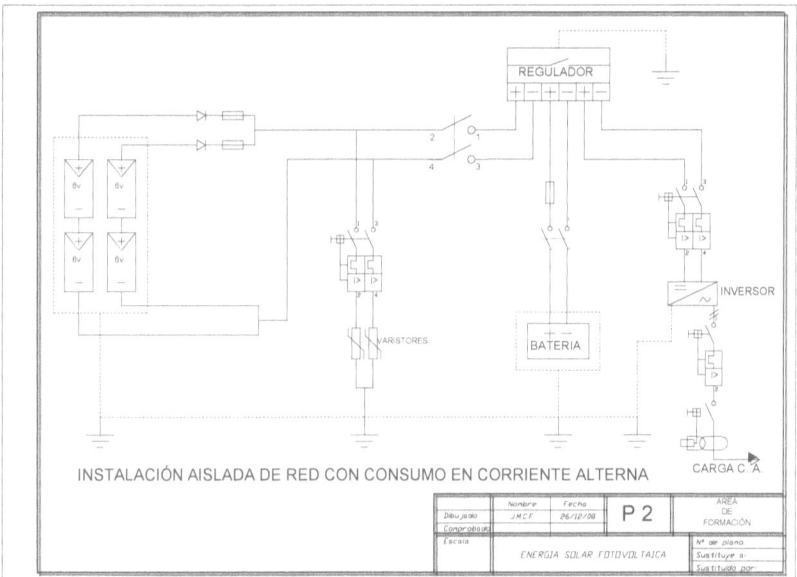

INSTALACIÓN AISLADA DE RED CON CONSUMO EN CORRIENTE ALTERNA

	Nombre	Fecha	P 2	AREA DE FORMACIÓN
Dibujado	J.M.C.F.	26/12/08		
Comprobado				
Escala			Nº de plano	
	ENERGIA SOLAR FOTOVOLTAICA		Sustituye a:	
			Sustituido por:	

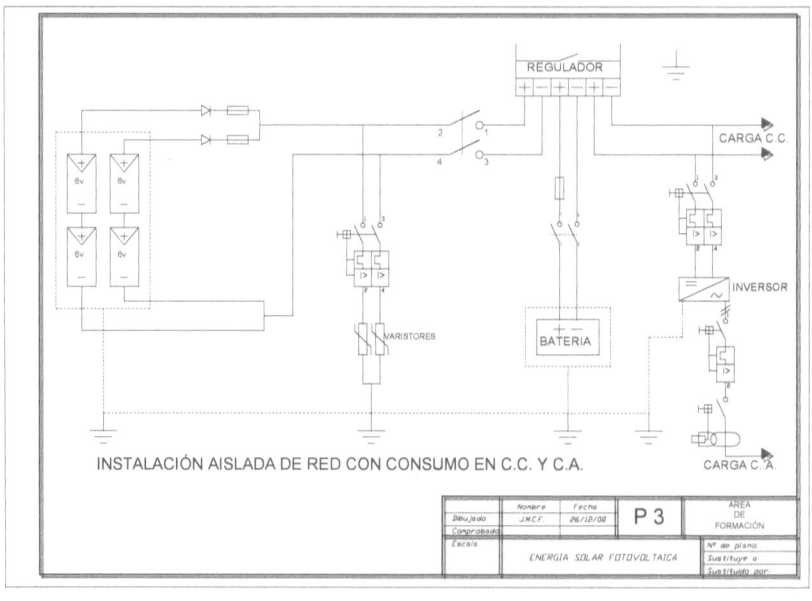

INSTALACIÓN AISLADA DE RED CON CONSUMO EN C.C. Y C.A.

	Nombre	Fecha	P 3	ÁREA
Dibujado	J.M.C.F.	26/10/00		DE
Comprobado				FORMACIÓN
Escala				Nº de plano:
	ENERGIA SOLAR FOTOVOLTAICA			Sustituye a:
				Sustituido por:

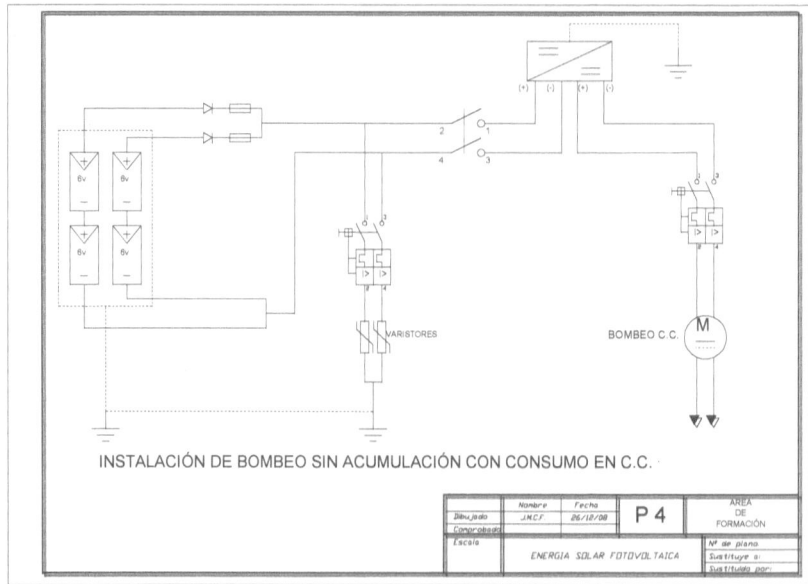

INSTALACIÓN DE BOMBEO SIN ACUMULACIÓN CON CONSUMO EN C.C.

	Nombre	Fecha	P 4	ÁREA
Dibujado	J.M.C.F.	26/10/00		DE
Comprobado				FORMACIÓN
Escala				Nº de plano:
	ENERGIA SOLAR FOTOVOLTAICA			Sustituye a:
				Sustituido por:

228

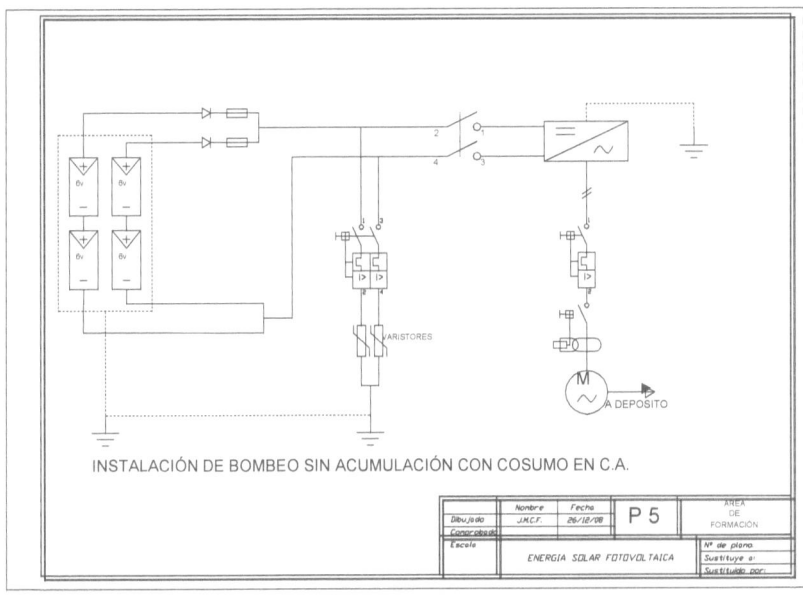

INSTALACIÓN DE BOMBEO SIN ACUMULACIÓN CON COSUMO EN C.A.

	Nombre	Fecha	P 5	AREA DE FORMACIÓN
Dibujado	J.M.C.F.	26/12/08		
Comprobado				
Escala				Nº de plano:
	ENERGIA SOLAR FOTOVOLTAICA			Sustituye a:
				Sustituido por:

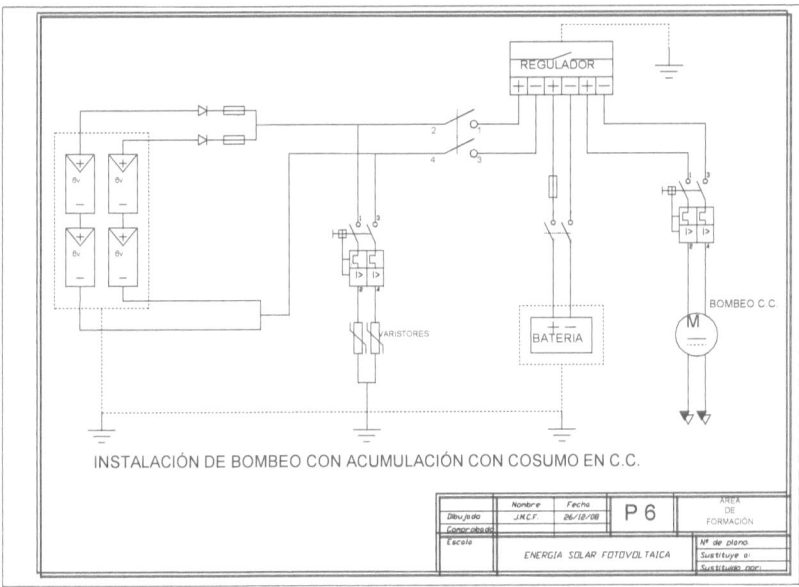

INSTALACIÓN DE BOMBEO CON ACUMULACIÓN CON COSUMO EN C.C.

	Nombre	Fecha	P 6	AREA DE FORMACIÓN
Dibujado	J.M.C.F.	26/12/08		
Comprobado				
Escala				Nº de plano:
	ENERGIA SOLAR FOTOVOLTAICA			Sustituye a:
				Sustituido por:

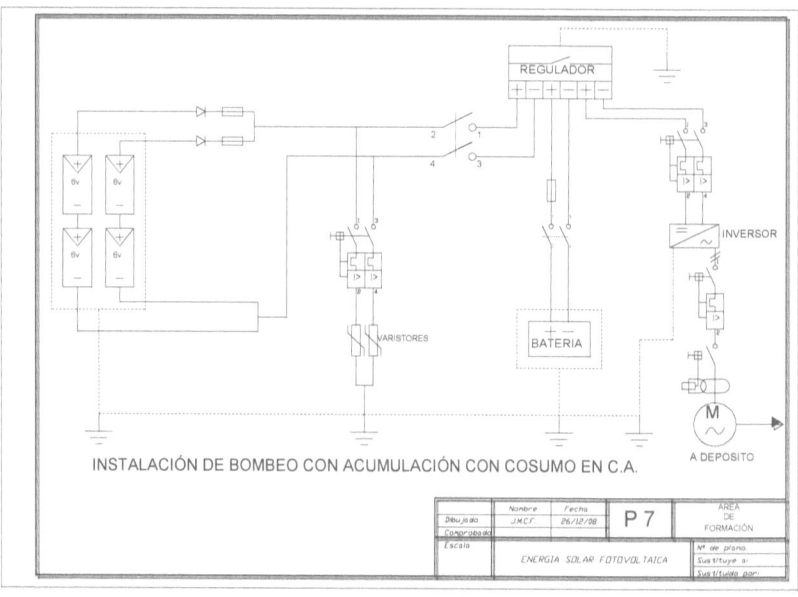

INSTALACIÓN DE BOMBEO CON ACUMULACIÓN CON COSUMO EN C.A.

	Nombre	Fecha	P 7	ÁREA
Dibujado	J.M.C.F.	26/12/08		DE
Comprobado				FORMACIÓN
Escala				Nº de plano.
	ENERGIA SOLAR FOTOVOLTAICA			Sustituye a:
				Sustituido por:

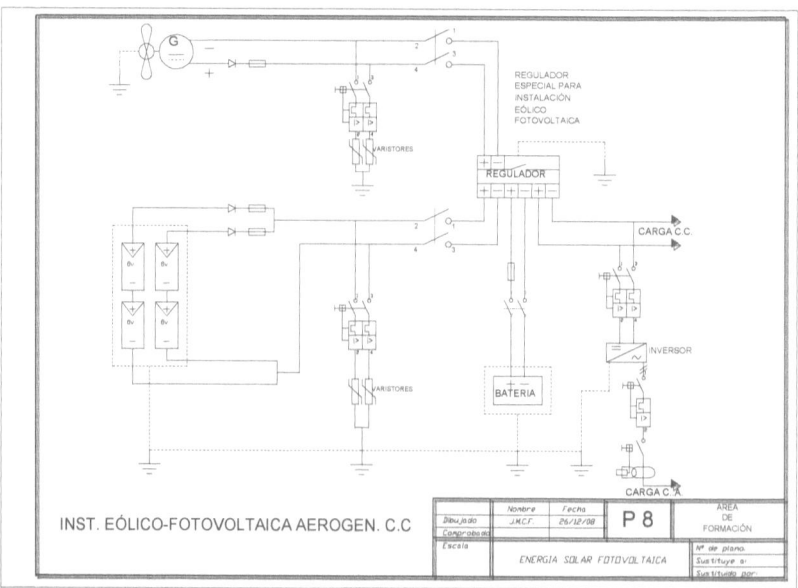

INST. EÓLICO-FOTOVOLTAICA AEROGEN. C.C

	Nombre	Fecha	P 8	ÁREA
Dibujado	J.M.C.F.	26/12/08		DE
Comprobado				FORMACIÓN
Escala				Nº de plano.
	ENERGIA SOLAR FOTOVOLTAICA			Sustituye a:
				Sustituido por:

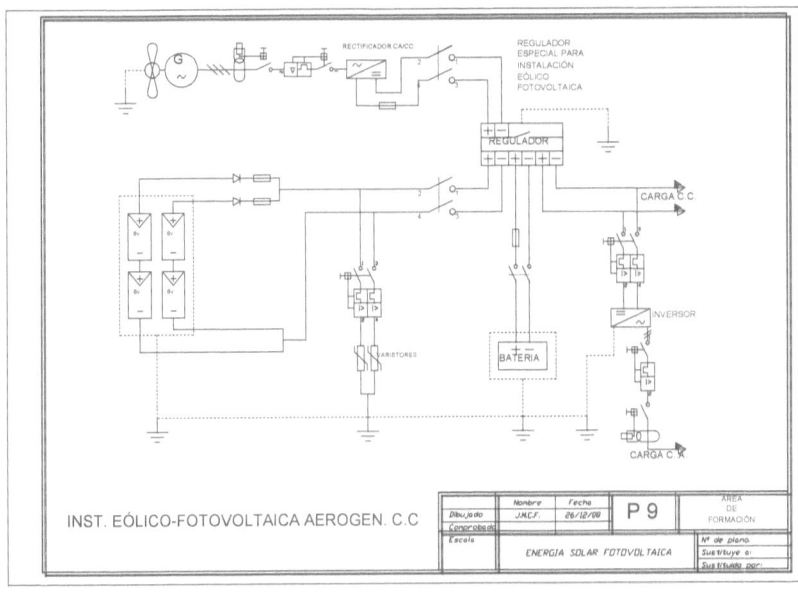

INST. EÓLICO-FOTOVOLTAICA AEROGEN. C.C

	Nombre	Fecha		
Dibujado	J.M.C.F.	26/12/08	**P 9**	AREA DE FORMACIÓN
Comprobado				
Escala			Nº de plano.	
	ENERGIA SOLAR FOTOVOLTAICA		Sustituye a:	
			Sustituido por:	

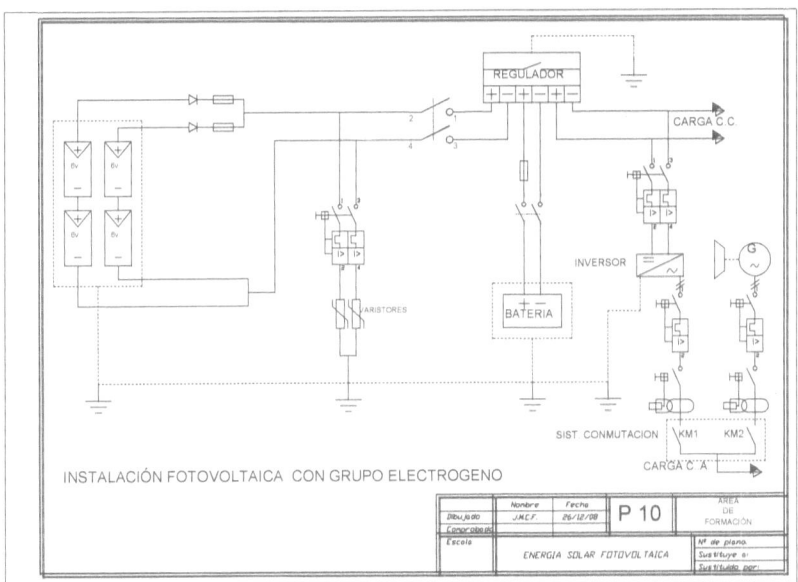

INSTALACIÓN FOTOVOLTAICA CON GRUPO ELECTROGENO

	Nombre	Fecha		
Dibujado	J.M.C.F.	26/12/08	**P 10**	AREA DE FORMACIÓN
Comprobado				
Escala			Nº de plano.	
	ENERGIA SOLAR FOTOVOLTAICA		Sustituye a:	
			Sustituido por:	

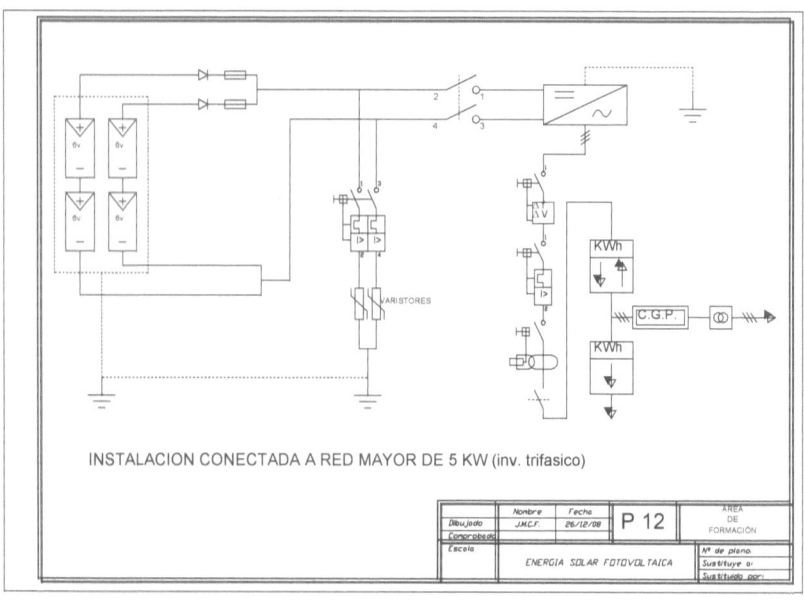

INSTALACION CONECTADA A RED MAYOR DE 5 KW (inv. trifasico)

	Nombre	Fecha		ÁREA
Dibujado	J.M.C.F.	26/12/08	**P 12**	DE
Comprobado				FORMACIÓN
Escala				Nº de plano.
	ENERGIA SOLAR FOTOVOLTAICA			Sustituye a:
				Sustituido por:

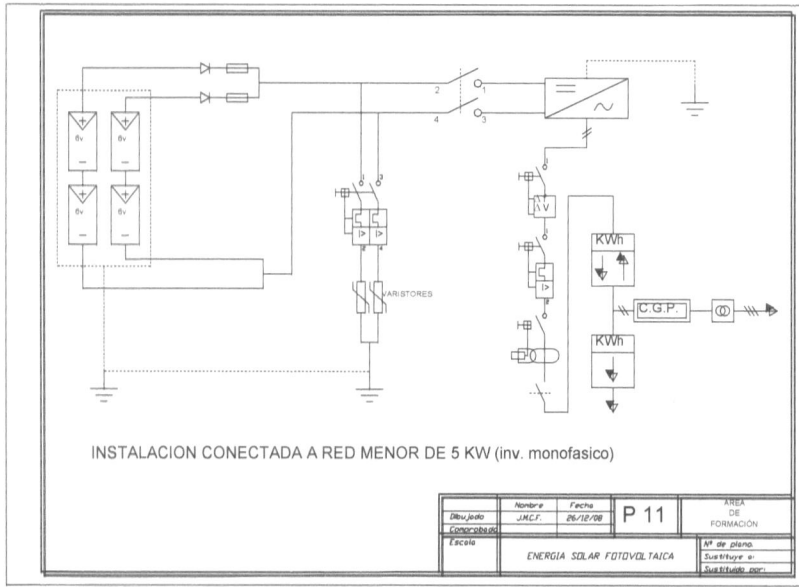

INSTALACION CONECTADA A RED MENOR DE 5 KW (inv. monofasico)

	Nombre	Fecha		ÁREA
Dibujado	J.M.C.F.	26/12/08	**P 11**	DE
Comprobado				FORMACIÓN
Escala				Nº de plano.
	ENERGIA SOLAR FOTOVOLTAICA			Sustituye a:
				Sustituido por:

NORMATIVA

Sección HE 5
Contribución fotovoltaica mínima de energía eléctrica

1 Generalidades

1.1 Ámbito de aplicación

1   Los edificios de los usos indicados, a los efectos de esta sección, en la tabla 1.1 incorporarán sistemas de captación y transformación de energía solar por procedimientos fotovoltaicos cuando superen los límites de aplicación establecidos en dicha tabla.

Tabla 1.1 Ámbito de aplicación

Tipo de uso	Límite de aplicación
Hipermercado	5.000 m^2 construidos
Multitienda y centros de ocio	3.000 m^2 construidos
Nave de almacenamiento	10.000 m^2 construidos
Administrativos	4.000 m^2 construidos
Hoteles y hostales	100 plazas
Hospitales y clínicas	100 camas
Pabellones de recintos feriales	10.000 m^2 construidos

2   La potencia eléctrica mínima determinada en aplicación de exigencia básica que se desarrolla en esta Sección, podrá disminuirse o suprimirse justificadamente, en los siguientes casos:

   a) cuando se cubra la producción eléctrica estimada que correspondería a la potencia mínima mediante el aprovechamiento de otras fuentes de energías renovables;

   b) cuando el emplazamiento no cuente con suficiente acceso al sol por barreras externas al mismo y no se puedan aplicar soluciones alternativas;

   c) en rehabilitación de edificios, cuando existan limitaciones no subsanables derivadas de la configuración previa del edificio existente o de la normativa urbanística aplicable;

   d) en edificios de nueva planta, cuando existan limitaciones no subsanables derivadas de la normativa urbanística aplicable que imposibiliten de forma evidente la disposición de la superficie de captación necesaria;

   e) cuando así lo determine el órgano competente que deba dictaminar en materia de protección histórico-artística.

3   En edificios para los cuales sean de aplicación los apartados b), c), d) se justificará, en el proyecto, la inclusión de medidas o elementos alternativos que produzcan un ahorro eléctrico equivalente a la producción que se obtendría con la instalación solar mediante mejoras en instalaciones consumidoras de energía eléctrica tales como la iluminación, regulación de motores o equipos más eficientes.

1.2 Procedimiento de verificación

1   Para la aplicación de esta sección debe seguirse la secuencia que se expone a continuación:

   a) Cálculo de la potencia a instalar en función de la zona climática cumpliendo lo establecido en el apartado 2.2;

   b) Comprobación de que las pérdidas debidas a la orientación e inclinación de las placas y a las sombras sobre ellas no superen los límites establecidos en la tabla 2.2;

c) Cumplimiento de las condiciones de cálculo y dimensionado del apartado 3;

d) Cumplimiento de las condiciones de mantenimiento del apartado 4.

2 Caracterización y cuantificación de las exigencias

2.1 Potencia eléctrica mínima

1 Las potencias eléctricas que se recogen tienen el carácter de mínimos pudiendo ser ampliadas voluntariamente por el promotor o como consecuencia de disposiciones dictadas por las administraciones competentes.

2.2 Determinación de la potencia a instalar

1 La potencia pico a instalar se calculará mediante la siguiente fórmula:

$$P = C \cdot (A \cdot S + B) \tag{2.1}$$

siendo

P   la potencia pico a instalar [kWp];

A y B   los coeficientes definidos en la tabla 2.1 en función del uso del edificio;

C   el coeficiente definido en la tabla 2.2 en función de la zona climática establecida en el apartado 3.1;

S   la superficie construida del edificio [m^2].

Tabla 2.1 Coeficientes de uso

Tipo de uso	A	B
Hipermercado	0,001875	-3,13
Multitienda y centros de ocio	0,004688	-7,81
Nave de almacenamiento	0,001406	-7,81
Administrativo	0,001223	1,36
Hoteles y hostales	0,003516	-7,81
Hospitales y clínicas privadas	0,000740	3,29
Pabellones de recintos feriales	0,001406	-7,81

Tabla 2.2 Coeficiente climático

Zona climática	C
I	1
II	1,1
III	1,2
IV	1,3
V	1,4

2 En cualquier caso, la potencia pico mínima a instalar será de 6,25 kWp. El inversor tendrá una potencia mínima de 5 kW.

3 La superficie S a considerar para el caso de edificios ejecutados dentro de un mismo recinto será:

    a) en el caso que se destinen a un mismo uso, la suma de la superficie de todos los edificios del recinto;

    b) en el caso de distintos usos, de los establecidos en la tabla 1.1, dentro de un mismo edificio o recinto, se aplicarán a las superficies construidas correspondientes, la expresión 2.1 aunque éstas sean inferiores al límite de aplicación indicado en la tabla 1.1. La potencia pico mínima a instalar será la suma de las potencias picos de cada uso, siempre que resulten positivas. Para que sea obligatoria esta exigencia, la potencia resultante debe ser superior a 6,25 kWp.

4   La disposición de los módulos se hará de tal manera que las pérdidas debidas a la orientación e inclinación del sistema y a las sombras sobre el mismo sean inferiores a los límites de la tabla 2.2.

Tabla 2.2 Pérdidas límite

Caso	Orientación e inclinación	Sombras	Total
General	10 %	10 %	15 %
Superposición	20 %	15 %	30 %
Integración arquitectónica	40 %	20 %	50 %

5   En la tabla 2.2 se consideran tres casos: general, superposición de módulos e integración arquitectónica. Se considera que existe integración arquitectónica cuando los módulos cumplen una doble función energética y arquitectónica y además sustituyen elementos constructivos convencionales o son elementos constituyentes de la composición arquitectónica. Se considera que existe superposición arquitectónica cuando la colocación de los captadores se realiza paralela a la envolvente del edificio, no aceptándose en este concepto la disposición horizontal con en fin de favorecer la autolimpieza de los módulos. Una regla fundamental a seguir para conseguir la integración o superposición de las instalaciones solares es la de mantener, dentro de lo posible, la alineación con los ejes principales de la edificación.

6   En todos los casos se han de cumplir las tres condiciones: pérdidas por orientación e inclinación, pérdidas por sombreado y pérdidas totales inferiores a los límites estipulados respecto a los valores obtenidos con orientación e inclinación óptimos y sin sombra alguna. Se considerará como la orientación optima el sur y la inclinación óptima la latitud del lugar menos 10°.

7   Sin excepciones, se deben evaluar las pérdidas por orientación e inclinación y sombras del sistema generador de acuerdo a lo estipulado en los apartados 3.3 y 3.4. Cuando, por razones arquitectónicas excepcionales no se pueda instalar toda la potencia exigida cumpliendo los requisitos indicados en la tabla 2.2, se justificará esta imposibilidad analizando las distintas alternativas de configuración del edificio y de ubicación de la instalación, debiéndose optar por aquella solución que más se aproxime a las condiciones de máxima producción.

3 Cálculo

3.1 Zonas climáticas

1   En la tabla 3.1 y en la figura 3.1 se marcan los límites de zonas homogéneas a efectos de la exigencia. Las zonas se han definido teniendo en cuenta la Radiación Solar Global media diaria anual sobre superficie horizontal (H), tomando los intervalos que se relacionan para cada una de las zonas.

Tabla 3.1 Radiación solar Global

Zona climática	MJ/m^2	kWh/m^2
I	$H < 13,7$	$H < 3,8$
II	$13,7 \leq H < 15,1$	$3,8 \leq H < 4,2$
III	$15,1 \leq H < 16,6$	$4,2 \leq H < 4,6$
IV	$16,6 \leq H < 18,0$	$4,6 \leq H < 5,0$
V	$H \geq 18,0$	$H \geq 5,0$

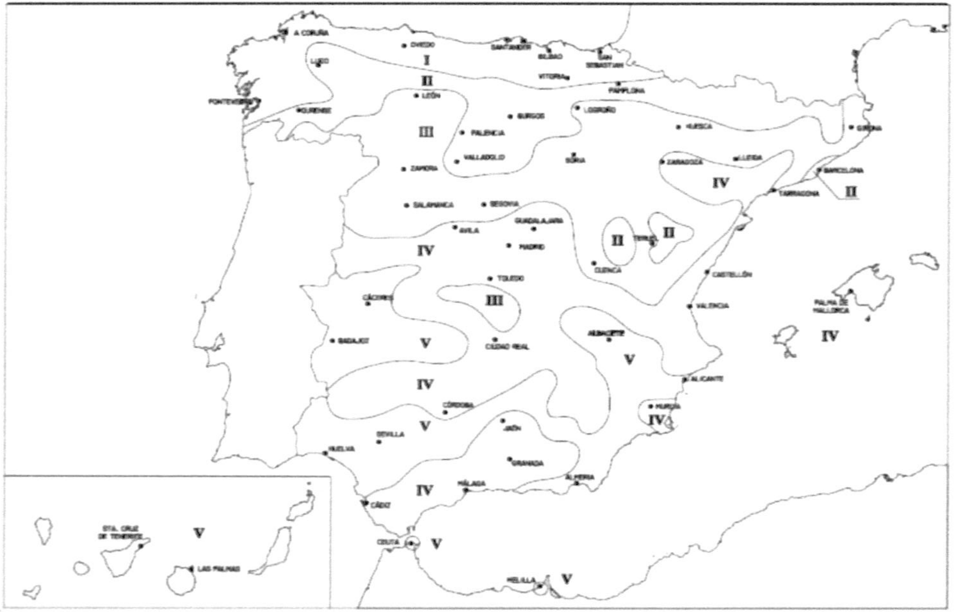

Figura 3.1 Zonas climáticas

Tabla 3.2 Zonas climáticas

A CORUÑA	Arteixo	I		Cerdanyola del Valles	II		Rota	V
	Carballo	I		Cornella de Llobregat	II		San Fernando	IV
	A Coruña	I		Gava	II		San Roque	IV
	Ferrol	I		Granollers	III		Sanlucar de Barrameda	V
	Naron	I		L'Hospitalet de Llobregat	II	CANTABRIA	Camargo	I
	Oleiros	I		Igualada	III		Santander	I
	Riveira	I		Manresa	III		Torrelavega	I
	Santiago de compostela	I		El Masnou	II	CASTELLON	Burriana	IV
ALAVA	Vitoria-Gasteiz	I		Mataro	II		Castellon de la Plana	IV
ALBACETE	Albacete	V		Mollet del Valles	II		La Vall d'uixo	IV
	Almansa	V		Montcada i	II		Vila-Real	IV
	Hellin	V		El Prat de Llobregat	II		Vinaroz	IV
	Villarrobledo	IV		Premia de mar	II	CEUTA	Ceuta	V
ALICANTE	Alcoy	IV		Ripollet	II	CIUDAD REAL	Alcazar de San Juan	IV
	Alicante	V		Rubi	II		Ciudad Real	IV
	Benidorm	IV		Sabadell	III		Puertollano	IV
	Crevillent	V		Sant Adna de Besos	II		Tomelloso	IV
	Denia	IV		Sant Boi de Llobregat	II		Valdepeñas	IV
	Elche	V		Sant Cugat del Valles	II	CORDOBA	Baena	V
	Elda	IV		Sant Feliu de Llobregat	II		Cabra	V
	Ibi	IV		Sant Joan Despi	II		Córdoba	IV
	Javea	IV		Sant Pere de Ribes	II		Lucena	V
	Novelda	IV		Sant Vicenç dels Horts	II		Montilla	V
	Onhuela	IV		Santa Coloma de Gramenet	II		Priego de Córdoba	V
	Petrer	IV		Terrassa	III		Puente Genil	V
	San Vicente del Raspeig	V		Vic	III	CUENCA	Cuenca	III
	Torrevieja	V		Viladecans	II	GIRONA	Blanes	III
	Villajoyosa	IV		Vilafranca del Penedes	II		Figueres	III
	Villena	IV		Vilanova i la Geltru	II		Girona	III
ALMERIA	Adra	V	BURGOS	Aranda de Duero	II		Olot	III
	Almería	V		Burgos	II		Salt	III
	El Ejido	V		Miranda de Ebro	II	GRANADA	Almuñecar	IV
	Roquetas de mar	V	CACERES	Cáceres	V		Baza	V
ASTURIAS	Aviles	I		Plasencia	V		Granada	IV
	Castrillon	I	CADIZ	Algeciras	IV		Guadix	IV
	Gijón	I		Arcos de la Frontera	V		Loja	IV
	Langreo	I		Barbate	IV		Motril	V
	Mieres	I		Cadiz	IV	GUADALAJARA	Guadalajara	IV
	Oviedo	I		Chiclana de la frontera	IV	GUIPUZCOA	Arrasate o Mondragon	I
	San Martin del rey Aurelio	I		Jerez de la Frontera	V		Donostia-San Sebastian	I
	Siero	I		La Línea de la Concepción	IV		Eibar	I
AVILA	Ávila	IV		El Puerto de Santa Maria	IV		Errenteria	I
BADAJOZ	Almendralejo	V		Puerto Real	IV		Irun	I
	Badajoz	V				HUELVA	Huelva	V
	Don Benito	V				HUESCA	Huesca	III
	Mérida	V				ILLES	Calvia	IV
	Villanueva de la Serena	V				BALEARS	Ciutadella de Menorca	IV
BARCELONA	Badalona	II					Eivissa	IV
	Barbera del valles	II					Inca	IV
	Barcelona	II						
	Castelldefels	II						

	Llucmajor	IV
	Mahon	IV
	Manacor	IV
	Palma de	IV
	Santa Eulalia del Rio	IV
JAEN	Alcalá la Real	IV
	Andujar	V
	Jaén	IV
	Linares	V
	Martos	IV
	Ubeda	V
LA RIOJA	Logroño	II
LAS PALMAS	Arrecife	V
	Arucas	V
	Galdar	V
	Ingenio	V
	Las Palmas de Gran Canaria	V
	San Bartolome de Tirajana	V
	Santa Lucia	V
	Telde	V
LEON	León	III
	Ponferrada	II
	San Andres del Rabanedo	III
LUGO	Lugo	II
LLEIDA	Lleida	III
MADRID	Alcalá de	IV
	Alcobendas	IV
	Alcorcón	IV
	Aranjuez	IV
	Arganda del Rey	IV
	Colmenar Viejo	IV
	Collado Villalba	IV
	Coslada	IV
	Fuenlabrada	IV
	Getafe	IV
	Leganes	IV
	Madrid	IV
	Majadahonda	IV
	Mostoles	IV
	Parla	IV
	Pinto	IV
	Pozuelo de Alarcon	IV
	Rivas-Vaciamadrid	IV
	Las Rozas de Madrid	IV
MADRID	San Fernando de Henares	IV
	San Sebastian de los Reyes	IV
	Torrejon de Ardoz	IV
	Tres Cantos	IV
	Valdemoro	IV

MALAGA	Antequera	IV
	Benalmadena	IV
	Estepona	IV
	Fuengirola	IV
	Malaga	IV
	Marbella	IV
	Mijas	IV
	Rincón de la Victoria	IV
	Ronda	IV
	Torremolinos	IV
	Velez-Málaga	IV
MELILLA	Melilla	V
MURCIA	Águilas	V
	Alcantarilla	IV
	Caravaca de la Cruz	V
	Cartagena	IV
	Cieza	V
	Jumilla	V
	Lorca	V
	Molina de Segura	V
	Murcia	IV
	Torre-Pacheco	IV
	Totana	V
	Yecla	V
NAVARRA	Barañain	II
	Pamplona	II
	Tudela	III
OURENSE	Ourense	II
PALENCIA	Palencia	II
PONTEVEDRA	Cangas	I
	A Estrada	I
	Lalin	I
	Marin	I
	Pontevedra	I
	Redondela	I
	Vigo	I
	Vilagarcia de Arousa	I
SALAMANCA	Salamanca	III
SANTA CRUZ DE TENERIFE	Arona	V
	Icod de los Vinos	V
	La Orotava	V
	Puerto de la Cruz	V
	Los Realejos	V
SANTA CRUZ DE TENERIFE	San Cristobal de Santa Cruz de Tenerife	V
	Tacoronte	V
SEGOVIA	Segovia	III
SEVILLA	Alcala de Guadaira	V
	Camas	V
	Camona	V
	Coria del Río	V
	Dos Hermanas	V

	Ecija	V
	Lebrija	V
	Mairena del Aljarafe	V
	Morón de la Frontera	V
	Los Palacios y Villafranca	V
	La Rinconada	V
	San Juan de Aznalfarache	V
	Sevilla	V
	Utrera	V
SORIA	Soria	III
TARRAGONA	Reus	IV
	Tarragona	III
	Tortosa	IV
	Valls	IV
	El Vendrell	III
TERUEL	Teruel	III
TOLEDO	Talavera de la Reina	IV
	Toledo	IV
VALENCIA	Alaquas	IV
	Aldaia	IV
	Algemesi	IV
	Alzira	IV
	Burjassot	IV
	Carcaixent	IV
	Catarroja	IV
	Cullera	IV
	Gandia	IV
	Manises	IV
	Mislata	IV
	Oliva	IV
	Ontinyent	IV
	Paterna	IV
	Quart de poblet	IV
	Sagunto	IV
	Sueca	IV
	Torrent	IV
	Valencia	IV
	Xativa	IV
	Xirivella	IV
VALLADOLID	Medina del Campo	III
	Valladolid	II
VIZCAYA	Barakaldo	I
	Basauri	I
	Bilbao	I
	Durango	I
	Erandio	I
	Galdakao	I
	Getxo	I
	leioa	I
	Portugalete	I
	Santurtzi	I
	Sestao	I
ZAMORA	Zamora	III
ZARAGOZA	Zaragoza	IV

238

3.2 Condiciones generales de la instalación

3.2.1 Definición

1   Una instalación solar fotovoltaica conectada a red está constituida por un conjunto de componentes encargados de realizar las funciones de captar la radiación solar, generando energía eléctrica en forma de corriente continua y adaptarla a las características que la hagan utilizable por los consumidores conectados a la red de distribución de corriente alterna. Este tipo de instalaciones fotovoltaicas trabajan en paralelo con el resto de los sistemas de generación que suministran a la red de distribución.

2   Los sistemas que conforman la instalación solar fotovoltaica conectada a la red son los siguientes:

a)   sistema generador fotovoltaico, compuesto de módulos que a su vez contienen un conjunto elementos semiconductores conectados entre sí, denominados células, y que transforman la energía solar en energía eléctrica;

b)   inversor que transforma la corriente continua producida por los módulos en corriente alterna de las mismas características que la de la red eléctrica;

c)   conjunto de protecciones, elementos de seguridad, de maniobra, de medida y auxiliares.

3   Se entiende por potencia pico o potencia máxima del generador aquella que puede entregar el módulo en las condiciones estándares de medida. Estas condiciones se definen del modo siguiente:

a)   irradiancia 1000 W/m^2;

b)   distribución espectral AM 1,5 G;

c)   incidencia normal;

d)   temperatura de la célula 25 ºC.

3.2.2 Condiciones generales

1   Para instalaciones conectadas, aún en el caso de que éstas no se realicen en un punto de conexión de la compañía de distribución, serán de aplicación las condiciones técnicas que procedan del RD 1663/2000, así como todos aquellos aspectos aplicables de la legislación vigente.

3.2.3 Criterios generales de cálculo

3.2.3.1 Sistema generador fotovoltaico

1   Todos los módulos deben satisfacer las especificaciones UNE-EN 61215:1997 para módulos de silicio cristalino o UNE-EN 61646:1997 para módulos fotovoltaicos de capa delgada, así como estar cualificados por algún laboratorio acreditado por las entidades nacionales de acreditación reconocidas por la Red Europea de Acreditación (EA) o por el Laboratorio de Energía Solar Fotovoltaica del Departamento de Energías Renovables del CIEMAT, demostrado mediante la presentación del certificado correspondiente.

2   En el caso excepcional en el cual no se disponga de módulos cualificados por un laboratorio según lo indicado en el apartado anterior, se deben someter éstos a las pruebas y ensayos necesarios de acuerdo a la aplicación específica según el uso y condiciones de montaje en las que se vayan a utilizar, realizándose las pruebas que a criterio de alguno de los laboratorios antes indicados sean necesarias, otorgándose el certificado específico correspondiente.

3   El módulo fotovoltaico llevará de forma claramente visible e indeleble el modelo y nombre ó logotipo del fabricante, potencia pico, así como una identificación individual o número de serie trazable a la fecha de fabricación.

4   Los módulos serán Clase II y tendrán un grado de protección mínimo IP65. Por motivos de seguridad y para facilitar el mantenimiento y reparación del generador, se instalarán los elementos necesarios (fusibles, interruptores, etc.) para la desconexión, de forma independiente y en ambos terminales, de cada una de las ramas del resto del generador.

5   Las exigencias del Código Técnico de la Edificación relativas a seguridad estructural serán de aplicación a la estructura soporte de módulos.

6   El cálculo y la construcción de la estructura y el sistema de fijación de módulos permitirá las necesarias dilataciones térmicas sin transmitir cargas que puedan afectar a la integridad de los

módulos, siguiendo las indicaciones del fabricante. La estructura se realizará teniendo en cuenta la facilidad de montaje y desmontaje, y la posible necesidad de sustituciones de elementos.

7   La estructura se protegerá superficialmente contra la acción de los agentes ambientales.

8   En el caso de instalaciones integradas en cubierta que hagan las veces de la cubierta del edificio, la estructura y la estanqueidad entre módulos se ajustará a las exigencias indicadas en la parte correspondiente del Código Técnico de la Edificación y demás normativa de aplicación.

3.2.3.2 Inversor

1   Los inversores cumplirán con las directivas comunitarias de Seguridad Eléctrica en Baja Tensión y Compatibilidad Electromagnética.

2   Las características básicas de los inversores serán las siguientes:

 a) principio de funcionamiento: fuente de corriente;

 b) autoconmutado;

 c) seguimiento automático del punto de máxima potencia del generador;

 d) no funcionará en isla o modo aislado.

3   La potencia del inversor será como mínimo el 80% de la potencia pico real del generador fotovoltaico.

3.2.3.3 Protecciones y elementos de seguridad

1   La instalación incorporará todos los elementos y características necesarias para garantizar en todo momento la calidad del suministro eléctrico, de modo que cumplan las directivas comunitarias de Seguridad Eléctrica en Baja Tensión y Compatibilidad Electromagnética.

2   Se incluirán todos los elementos necesarios de seguridad y protecciones propias de las personas y de la instalación fotovoltaica, asegurando la protección frente a contactos directos e indirectos, cortocircuitos, sobrecargas, así como otros elementos y protecciones que resulten de la aplicación de la legislación vigente. En particular, se usará en la parte de corriente continua de la instalación protección Clase II o aislamiento equivalente cuando se trate de un emplazamiento accesible. Los materiales situados a la intemperie tendrán al menos un grado de protección IP65.

3   La instalación debe permitir la desconexión y seccionamiento del inversor, tanto en la parte de corriente continua como en la de corriente alterna, para facilitar las tareas de mantenimiento.

3.3 Cálculo de las pérdidas por orientación e inclinación

3.3.1 Introducción

1   El objeto de este apartado es determinar los límites en la orientación e inclinación de los módulos de acuerdo a las pérdidas máximas permisibles.

2   Las pérdidas por este concepto se calcularán en función de:

 a) ángulo de inclinación, β definido como el ángulo que forma la superficie de los módulos con el plano horizontal. Su valor es 0 para módulos horizontales y 90° para verticales;

 b) ángulo de acimut, α definido como el ángulo entre la proyección sobre el plano horizontal de la normal   a la superficie del módulo y el meridiano del lugar. Valores típicos son 0° para módulos orientados al sur, -90° para módulos orientados al este y +90° para módulos orientados al oeste.

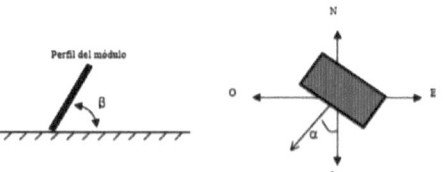

Figura 3.2 Orientación e inclinación de los módulos

3.3.2 Procedimiento

1 Determinado el ángulo de acimut del captador, se calcularán los límites de inclinación aceptables de acuerdo a las pérdidas máximas respecto a la inclinación óptima establecidas. Para ello se utilizará la figura 3.3, válida para una la latitud (ϕ) de 41°, de la siguiente forma:

   a) conocido el acimut, determinamos en la figura 3.3 los límites para la inclinación en el caso (ϕ) = 41°. Para el caso general, las pérdidas máximas por este concepto son del 10 %, para superposición del 20 % y para integración arquitectónica del 40 %. Los puntos de intersección del límite de pérdidas con la recta de acimut nos proporcionan los valores de inclinación máxima y mínima;

   b) si no hay intersección entre ambas, las pérdidas son superiores a las permitidas y la instalación estará fuera de los límites. Si ambas curvas se intersectan, se obtienen los valores para latitud (ϕ) = 41° y se corrigen de acuerdo a lo indicado a continuación.

2 Se corregirán los límites de inclinación aceptables en función de la diferencia entre la latitud del lugar en cuestión y la de 41°, de acuerdo a las siguientes fórmulas:

   a) inclinación máxima = inclinación (ϕ = 41°) – (41° - latitud);

   b) inclinación mínima = inclinación (ϕ = 41°) – (41°-latitud); siendo 5° su valor mínimo.

3 En casos cerca del límite y como instrumento de verificación, se utilizará la siguiente fórmula:

$$\text{Pérdidas (\%)} = 100 \cdot \left[1,2 \cdot 10^{-4} (\beta - \phi + 10)^2 + 3,5 \cdot 10^{-5} \alpha^2 \right] \qquad \text{para } 15° < \beta < 90° \qquad (3.1)$$

$$\text{Pérdidas (\%)} = 100 \cdot \left[1,2 \cdot 10^{-4} (\beta - \phi + 10)^2 \right] \qquad \text{para } \beta \leq 15° \qquad (3.2)$$

Nota: α, β, ϕ se expresan en grados sexagesimales, siendo ϕ la latitud del lugar.

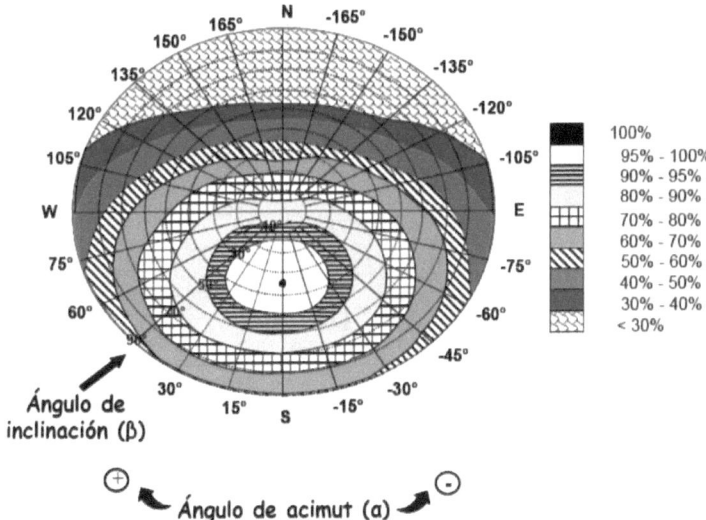

Figura 3.3.
Porcentaje de energía respecto al máximo como consecuencia de las pérdidas por orientación e inclinación.

3.4 Cálculo de pérdidas de radiación solar por sombras

241

3.4.1 Introducción

1   El presente apéndice describe un método de cálculo de las pérdidas de radiación solar que experimenta una superficie debidas a sombras circundantes. Tales pérdidas se expresan como porcentaje de la radiación solar global que incidiría sobre la mencionada superficie, de no existir sombra alguna.

3.4.2 Procedimiento

1   El procedimiento consiste en la comparación del perfil de obstáculos que afecta a la superficie de estudio con el diagrama de trayectorias del sol. Los pasos a seguir son los siguientes:

    a)   localización de los principales obstáculos que afectan a la superficie, en términos de sus coordenadas de posición acimut (ángulo de desviación con respecto a la dirección sur) y elevación (ángulo de inclinación con respecto al plano horizontal). Para ello puede utilizarse un teodolito;

    b)   Representación del perfil de obstáculos en el diagrama de la figura 3.4, en el que se muestra la banda de trayectorias del sol a lo largo de todo el año, válido para localidades de la Península Ibérica y Baleares (para las Islas Canarias el diagrama debe desplazarse 12° en sentido vertical ascendente). Dicha banda se encuentra dividida en porciones, delimitadas por las horas solares (negativas antes del mediodía solar y positivas después de éste) e identificadas por una letra y un número (A1, A2, ..., D14).

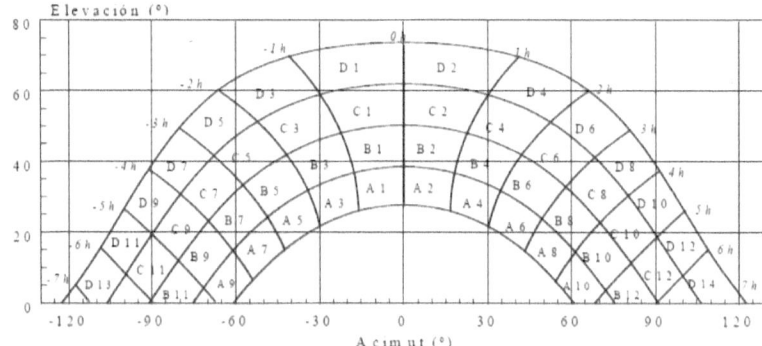

Figura 3.4 Diagrama de trayectorias del sol

2   Cada una de las porciones de la figura 3.4 representa el recorrido del sol en un cierto periodo de tiempo (una hora a lo largo de varios días) y tiene, por tanto, una determinada contribución a la irradiación solar global anual que incide sobre la superficie de estudio. Así, el hecho de que un obstáculo cubra una de las porciones supone una cierta pérdida de irradiación, en particular aquélla que resulte interceptada por el obstáculo. Debe escogerse como referencia para el cálculo la tabla más adecuada de entre las que se incluyen en el apéndice B de tablas de referencia.

3   Las tablas incluidas en este apéndice se refieren a distintas superficies caracterizadas por sus ángulos de inclinación y orientación (β y α, respectivamente). Debe escogerse aquélla que resulte más parecida a la superficie en estudio. Los números que figuran en cada casilla se corresponden con el porcentaje de irradiación solar global anual que se perdería si la porción correspondiente resultase interceptada por un obstáculo.

4   La comparación del perfil de obstáculos con el diagrama de trayectorias del sol permite calcular las pérdidas por sombreado de la irradiación solar que incide sobre la superficie, a lo largo de todo el año. Para ello se han de sumar las contribuciones de aquellas porciones que resulten total o parcialmente ocultas por el perfil de obstáculos representado. En el caso de ocultación parcial se utilizará el factor de llenado (fracción oculta respecto del total de la porción) más próximo a los valores 0,25, 0,50, 0,75 ó 1.

4 Mantenimiento

1   Para englobar las operaciones necesarias durante la vida de la instalación para asegurar el funcionamiento, aumentar la fiabilidad y prolongar la duración de la misma, se definen dos escalones complementarios de actuación:

   a) plan de vigilancia;
   b) plan de mantenimiento preventivo.

4.1 Plan de vigilancia

1   El plan de vigilancia se refiere básicamente a las operaciones que permiten asegurar que los valores operacionales de la instalación son correctos. Es un plan de observación simple de los parámetros funcionales principales (energía, tensión etc.) para verificar el correcto funcionamiento de la instalación, incluyendo la limpieza de los módulos en el caso de que sea necesario.

4.2 Plan de mantenimiento preventivo

1   Son operaciones de inspección visual, verificación de actuaciones y otros, que aplicados a la instalación deben permitir mantener dentro de límites aceptables las condiciones de funcionamiento, prestaciones, protección y durabilidad de la instalación.

2   El plan de mantenimiento debe realizarse por personal técnico competente que conozca la tecnología solar fotovoltaica y las instalaciones eléctricas en general. La instalación tendrá un libro de mantenimiento en el que se reflejen todas las operaciones realizadas así como el mantenimiento correctivo.

3   El mantenimiento preventivo ha de incluir todas las operaciones de mantenimiento y sustitución de elementos fungibles ó desgastados por el uso, necesarias para asegurar que el sistema funcione correctamente durante su vida útil.

4   El mantenimiento preventivo de la instalación incluirá, al menos, una revisión semestral en la que se realizarán las siguientes actividades:

   a) comprobación de las protecciones eléctricas;
   b) comprobación del estado de los módulos: comprobar la situación respecto al proyecto original y verificar el estado de las conexiones;
   c) comprobación del estado del inversor: funcionamiento, lámparas de señalizaciones, alarmas, etc;
   d) comprobación del estado mecánico de cables y terminales (incluyendo cables de tomas de tierra y reapriete de bornas), pletinas, transformadores, ventiladores/extractores, uniones, reaprietes, limpieza.

Apéndice A   Terminología

Célula solar o fotovoltaica: dispositivo que transforma la radiación solar en energía eléctrica.

Cerramiento: función que realizan los módulos que constituyen el tejado o la fachada de la construcción arquitectónica, debiendo garantizar la debida estanqueidad y aislamiento térmico.

Elementos de sombreado: módulos fotovoltaicos que protegen a la construcción arquitectónica de la sobrecarga térmica causada por los rayos solares, proporcionando sombras en el tejado o en la fachada del mismo.

Fuente de corriente: sistema de funcionamiento del inversor, mediante el cual se produce una inyección de corriente alterna a la red de distribución de la compañía eléctrica.

Funcionamiento en isla o modo aislado: cuando el inversor sigue funcionando e inyectando energía a la red aún cuando en ésta no hay tensión.

Generador fotovoltaico: asociación en paralelo de ramas fotovoltaicas.

Instalación solar fotovoltaica: aquella que dispone de módulos fotovoltaicos para la conversión directa de la radiación solar en energía eléctrica, sin ningún paso intermedio.

Integración arquitectónica de módulos fotovoltaicos: módulos fotovoltaicos que cumplen una doble función, energética y arquitectónica (revestimiento, cerramiento o sombreado) y, además, sustituyen a elementos constructivos convencionales o son elementos constituyentes de la composición arquitectónica.

Interruptor: dispositivo de seguridad y maniobra.

Irradiación solar: energía incidente por unidad de superficie sobre un plano dado, obtenida por integración de la irradiancia durante un intervalo de tiempo dado, normalmente una hora o un día. Se mide en kWh/m2.

Irradiancia solar: potencia radiante incidente por unidad de superficie sobre un plano dado. Se expresa en kW/m^2.

Módulo o panel fotovoltaico: conjunto de células solares directamente interconectadas y encapsuladas como único bloque, entre materiales que las protegen de los efectos de la intemperie.

Perdidas por inclinación: cantidad de irradiación solar no aprovechada por el sistema generador a consecuencia de no tener la inclinación óptima.

Perdidas por orientación: cantidad de irradiación solar no aprovechada por el sistema generador a consecuencia de no tener la orientación óptima.

Perdidas por sombras: cantidad de irradiación solar no aprovechada por el sistema generador a consecuencia de la existencia de sombras sobre el mismo en algún momento del día.

Potencia de la instalación fotovoltaica o potencia nominal: suma de la potencia nominal de los inversores (la especificada por el fabricante) que intervienen en las tres fases de la instalación en condiciones nominales de funcionamiento.

Potencia nominal del generador: suma de las potencias máximas de los módulos fotovoltaicos.

Radiación Solar Global media diaria anual: energía procedente del sol que llega a una determinada superficie (global), tomando el valor anual como suma de valores medios diarios.

Radiación solar: energía procedente del sol en forma de ondas electromagnéticas.

Rama fotovoltaica: subconjunto de módulos interconectados en serie o en asociaciones serie-paralelo, con voltaje igual a la tensión nominal del generador.

Superposición de módulos fotovoltaicos: módulos fotovoltaicos que se colocan paralelos a la envolvente del edificio sin la doble funcionalidad definida en la integración arquitectónica. No obstante no se consideran los módulos horizontales.

Apéndice B   Tablas de referencia

Tabla C.1

	β=35° ; α=0°				β=0° ; α=0°				β=90° ; α=0°				β=35° ; α=30°			
	A	B	C	D	A	B	C	D	A	B	C	D	A	B	C	D
13	0,00	0,00	0,00	0,00	0,00	0,00	0,00	0,18	0,00	0,00	0,00	0,15	0,00	0,00	0,00	0,10
11	0,00	0,01	0,12	0,44	0,00	0,01	0,18	1,05	0,00	0,01	0,02	0,15	0,00	0,00	0,03	0,06
9	0,13	0,41	0,62	1,49	0,05	0,32	0,70	2,23	0,23	0,50	0,37	0,10	0,02	0,10	0,19	0,56
7	1,00	0,95	1,27	2,76	0,52	0,77	1,32	3,56	1,66	1,06	0,93	0,78	0,54	0,55	0,78	1,80
5	1,84	1,50	1,83	3,87	1,11	1,26	1,85	4,66	2,76	1,62	1,43	1,68	1,32	1,12	1,40	3,06
3	2,70	1,88	2,21	4,67	1,75	1,60	2,20	5,44	3,83	2,00	1,77	2,36	2,24	1,60	1,92	4,14
1	3,17	2,12	2,43	5,04	2,10	1,81	2,40	5,78	4,36	2,23	1,98	2,69	2,89	1,98	2,31	4,87
2	3,17	2,12	2,33	4,99	2,11	1,80	2,30	5,73	4,40	2,23	1,91	2,66	3,16	2,15	2,40	5,20
4	2,70	1,89	2,01	4,46	1,75	1,61	2,00	5,19	3,82	2,01	1,62	2,26	2,93	2,08	2,23	5,02
6	1,79	1,51	1,65	3,63	1,09	1,26	1,65	4,37	2,68	1,62	1,30	1,58	2,14	1,82	2,00	4,46
8	0,98	0,99	1,08	2,55	0,51	0,82	1,11	3,28	1,62	1,09	0,79	0,74	1,33	1,36	1,48	3,54
10	0,11	0,42	0,52	1,33	0,05	0,33	0,57	1,98	0,19	0,49	0,32	0,10	0,18	0,71	0,88	2,26
12	0,00	0,02	0,10	0,40	0,00	0,02	0,15	0,96	0,00	0,02	0,02	0,13	0,00	0,06	0,32	1,17
14	0,00	0,00	0,00	0,02	0,00	0,00	0,00	0,17	0,00	0,00	0,00	0,13	0,00	0,00	0,00	0,22

Tabla C.2

	β=90° ; α=30°				β=35° ; α=60°				β=90° ; α=60°				β=35° ; α= -30°			
	A	B	C	D	A	B	C	D	A	B	C	D	A	B	C	D
13	0,10	0,00	0,00	0,33	0,00	0,00	0,00	0,14	0,00	0,00	0,00	0,43	0,00	0,00	0,00	0,22
11	0,06	0,01	0,15	0,51	0,00	0,00	0,08	0,16	0,00	0,01	0,27	0,78	0,00	0,03	0,37	1,26
9	0,56	0,06	0,14	0,43	0,02	0,04	0,04	0,02	0,09	0,21	0,33	0,76	0,21	0,70	1,05	2,50
7	1,80	0,04	0,07	0,31	0,02	0,13	0,31	1,02	0,21	0,18	0,27	0,70	1,34	1,28	1,73	3,79
5	3,06	0,55	0,22	0,11	0,64	0,68	0,97	2,39	0,10	0,11	0,21	0,52	2,17	1,79	2,21	4,70
3	4,14	1,16	0,87	0,67	1,55	1,24	1,59	3,70	0,45	0,03	0,05	0,25	2,90	2,05	2,43	5,20
1	4,87	1,73	1,49	1,86	2,35	1,74	2,12	4,73	1,73	0,80	0,62	0,55	3,12	2,13	2,47	5,20
2	5,20	2,15	1,88	2,79	2,85	2,05	2,38	5,40	2,91	1,56	1,42	2,26	2,88	1,96	2,19	4,77
4	5,02	2,34	2,02	3,29	2,86	2,14	2,37	5,53	3,59	2,13	1,97	3,60	2,22	1,60	1,73	3,91
6	4,46	2,28	2,05	3,36	2,24	2,00	2,27	5,25	3,35	2,43	2,37	4,45	1,27	1,11	1,25	2,84
8	3,54	1,92	1,71	2,98	1,51	1,61	1,81	4,49	2,67	2,35	2,28	4,65	0,52	0,57	0,65	1,64
10	2,26	1,19	1,19	2,12	0,23	0,94	1,20	3,18	0,47	1,64	1,82	3,95	0,02	0,10	0,15	0,50
12	1,17	0,12	0,53	1,22	0,00	0,09	0,52	1,96	0,00	0,19	0,97	2,93	0,00	0,00	0,03	0,05
14	0,22	0,00	0,00	0,24	0,00	0,00	0,00	0,55	0,00	0,00	0,00	1,00	0,00	0,00	0,00	0,08

Tabla C.3

	β=90° ; α= -30°				β=35° ; α= -60°				β=90° ; α= -60°			
	A	B	C	D	A	B	C	D	A	B	C	D
13	0,00	0,00	0,00	0,24	0,00	0,00	0,00	0,56	0,00	0,00	0,00	1,01
11	0,00	0,05	0,60	1,28	0,00	0,04	0,60	2,09	0,00	0,08	1,10	3,08
9	0,43	1,17	1,38	2,30	0,27	0,91	1,42	3,49	0,55	1,60	2,11	4,28
7	2,42	1,82	1,98	3,15	1,51	1,51	2,10	4,76	2,66	2,19	2,61	4,89
5	3,43	2,24	2,24	3,51	2,25	1,95	2,48	5,48	3,36	2,37	2,56	4,61
3	4,12	2,29	2,18	3,38	2,80	2,08	2,56	5,68	3,49	2,06	2,10	3,67
1	4,05	2,11	1,93	2,77	2,78	2,01	2,43	5,34	2,81	1,52	1,44	2,22
2	3,45	1,71	1,41	1,81	2,32	1,70	2,00	4,59	1,69	0,78	0,58	0,53
4	2,43	1,14	0,79	0,64	1,52	1,22	1,42	3,46	0,44	0,03	0,05	0,24
6	1,24	0,54	0,20	0,11	0,62	0,67	0,85	2,20	0,10	0,13	0,19	0,48
8	0,40	0,03	0,06	0,31	0,02	0,14	0,26	0,92	0,22	0,18	0,26	0,69
10	0,01	0,06	0,12	0,39	0,02	0,04	0,03	0,02	0,08	0,21	0,28	0,68
12	0,00	0,01	0,13	0,45	0,00	0,01	0,07	0,14	0,00	0,02	0,24	0,67
14	0,00	0,00	0,00	0,27	0,00	0,00	0,00	0,12	0,00	0,00	0,00	0,36

Apéndice C   Normas de referencia

Real Decreto 1663/2000, de 29 de septiembre, sobre conexión de instalaciones fotovoltaicas a la red de baja tensión.

UNE EN 61215:1997 "Módulos fotovoltaicos (FV) de silicio cristalino para aplicación terrestre. Cualificación del diseño y aprobación tipo".

UNE EN 61646:1997 "Módulos fotovoltaicos (FV) de lámina delgada para aplicación terrestre. Cualificación del diseño y aprobación tipo".

Ley 54/1997, de 27 de noviembre, del Sector Eléctrico.

Real Decreto 436/2004, de 12 de marzo, por el que se establece la metodología para la actualización y sistematización del régimen jurídico y económico de la actividad de producción de energía eléctrica en régimen especial.

Real Decreto 1955/2000, de 1 de diciembre, por el que se regulan las actividades de transporte, distribución, comercialización, suministro y procedimientos de autorización de instalaciones de energía eléctrica.

Resolución de 31 de mayo de 2001 por la que se establecen modelo de contrato tipo y modelo de factura para las instalaciones solares fotovoltaicas conectadas a la red de baja tensión.

Real Decreto 841/2002 de 2 de agosto por el que se regula para las instalaciones de producción de energía eléctrica en régimen especial su incentivación en la participación en el mercado de producción, determinadas obligaciones de información de sus previsiones de producción, y la adquisición por los comercializadores de su energía eléctrica producida.

Real Decreto 842/2002 de 2 de agosto por el que se aprueba el Reglamento electrotécnico para baja tensión.

Real Decreto 1433/2002 de 27 de diciembre, por el que se establecen los requisitos de medida en baja tensión de consumidores y centrales de producción en Régimen Especial.

246

TABLAS DE RADIACIÓN SOLAR

Energía en megajulios que incide sobre un metro cuadrado de superficie horizontal en un día medio de cada mes. Valor del factor H

[MJ/m2]	ENE	FEB	MAR	ABR	MAY	JUN	JUL	AGO	SEP	OCT	NOV	DIC	AÑO
ALAVA	4,6	6,9	11,2	13	14,8	16,6	18,1	17,3	14,3	9,5	5,5	4,1	11,3
ALBACETE	6,7	10,5	15	19,2	21,2	25,1	26,7	23,2	18,8	12,4	8,4	6,4	16,1
ALICANTE	8,5	12	16,3	18,9	23,1	24,8	25,8	22,5	18,3	13,6	9,8	7,6	16,8
ALMERIA	8,9	12,2	16,4	19,6	23,1	24,6	25,3	22,5	18,5	13,9	10	8	16,9
ASTURIAS	5,3	7,7	10,6	12,2	15	15,2	16,8	14,8	12,4	9,8	5,9	4,6	10,9
AVILA	6	9,1	13,5	17,7	19,4	22,3	26,3	25,3	18,8	11,2	6,9	5,2	15,1
BADAJOZ	6,5	10	13,6	18,7	21,8	24,6	25,9	23,8	17,9	12,3	8,2	6,2	15,8
BALEARES	7,2	10,7	14,4	16,2	21	22,7	24,2	20,6	16,4	12,2	8,5	6,5	15
BARCELONA	6,5	9,5	12,9	16,1	18,6	20,3	21,6	18,1	14,6	10,8	7,2	5,8	13,5
BURGOS	5,1	7,9	12,4	16	18,7	21,5	23	20,7	16,7	10,1	6,5	4,5	13,6
CACERES	6,8	10	14,7	19,6	22,1	25,1	28,1	25,4	19,7	12,7	8,9	6,6	16,6
CADIZ	8,1	11,5	15,7	18,5	22,2	23,8	25,9	23	18,1	14,2	10	7,4	16,5
CANTABRIA	5	7,4	11	13	16,1	17	18,4	15,5	13	9,5	5,8	4,5	11,3
CASTELLON	8	12,2	15,5	17,4	20,6	21,4	23,9	19,5	16,6	13,1	8,6	7,3	15,3
CEUTA	8,9	13,1	18,6	21	24,3	26,7	26,8	24,3	19,1	14,2	11	8,6	18,1
CIUDAD REAL	7	10,1	15	18,7	21,4	23,7	25,3	23,2	18,8	12,5	8,7	6,5	15,9
CORDOBA	7,2	10,1	15,1	18,5	21,8	25,9	28,5	25,1	19,9	12,6	8,6	6,9	16,7
LA CORUÑA	5,4	8	11,4	12,4	15,4	16,2	17,4	15,3	13,9	10,9	6,4	5,1	11,5
CUENCA	5,9	8,8	12,9	17,4	18,7	22	25,6	22,3	17,5	11,2	7,2	5,5	14,6
GERONA	7,1	10,5	14,2	15,9	18,7	19	22,3	28,5	14,9	11,7	7,8	6,6	13,9
GRANADA	7,8	10,8	15,2	18,5	21,9	24,8	26,7	23,6	18,8	12,9	9,6	7,1	16,5
GUADALAJARA	6,5	9,2	14	17,9	19,4	22,7	25	23,2	17,8	11,7	7,8	5,6	15,1
GUIPUZCOA	5,5	7,7	14,3	11,7	14,6	16,2	16,1	13,6	12,7	10,3	6,2	5	10,9
HUELVA	7,6	11,3	16	19,5	24,1	25,6	28,7	25,66	21,2	14,5	9,2	7,5	17,6
25 HUESCA	6,1	9,6	14,3	18,7	20,3	22,1	23,1	20,9	16,9	11,3	7,2	5,1	14,6
JAEN	6,7	10,1	14,4	18	20,3	24,4	26,7	24,1	19,2	11,9	8,1	6,5	15,9
LEON	5,8	8,7	13,8	17,2	19,5	22,1	24,2	20,9	17,2	10,4	7	4,8	14,3
LERIDA	6	9,9	18	18,8	20,9	22,6	23,8	21,3	16,8	12,1	7,2	4,8	15,2
LUGO	5,1	7,6	11,7	15,2	14,1	19,5	20,2	18,4	15	9,9	6,2	4,5	12,5
MADRID	6,7	10,6	13,6	18,8	20,9	23,5	26	23,1	16,9	11,4	7,5	5,9	15,4
MALAGA	8,3	12	15,5	18,5	23,2	24,5	26,5	23,2	19	13,6	9,3	8	16,8
MELILLA	9,4	12,6	17,2	20,3	23	24,8	24,8	22,6	18,3	14,2	10,9	8,7	17,2
MURCIA	10,1	14,8	16,6	20,4	24,2	25,6	27,7	23,5	18,6	13,9	9,8	8,1	17,8
NAVARRA	5	7,4	12,3	14,5	17,1	18,9	20,5	18,2	16,2	10,2	6	4,5	12,6
ORENSE	4,7	7,3	11,3	14	16,2	17,6	18,3	16,6	14,3	9,4	5,6	4,3	11,6
PALENCIA	5,3	9	13,2	17,5	19,7	21,8	24,1	21,6	17,1	10,9	6,6	4,6	14,3
LAS PALMAS	11,2	14,2	17,8	19,6	21,7	22,5	24,3	21,9	19,8	15,1	12,3	10,7	17,6
PONTEVEDRA	5,5	8,2	13	15,7	17,5	20,4	22	18,9	15,1	11,3	6,8	5,5	13,3
LA RIOJA	5,6	8,8	13,7	16,6	19,2	21,4	23,3	20,8	16,2	10,7	6,8	4,8	14
SALAMANCA	6,1	9,5	13,5	17,1	19,7	22,8	24,6	22,6	17,5	11,3	7,4	5,2	14,8
ST.C.TENERIFE	10,7	13,3	18,1	21,5	25,7	26,5	29,3	26,6	21,2	16,2	10,8	9,3	19,1
SEGOVIA,	5,7	8,8	13,4	18,4	20,4	22,6	25,7	14,9	18,8	11,4	6,8	5,1	15,2
SEVILLA	7,3	10,9	14,4	19,2	22,4	24,3	24,9	23	17,9	12,3	8,8	6,9	16
SORIA	5,9	8,7	12,8	17,1	19,7	21,8	24,1	22,3	17,5	11,1	7,6	5,6	14,5
TARRAGONA	7,3	10,7	14,9	17,6	20,2	22,5	23,8	20,5	16,4	12,3	8,8	6,3	15,1
TERUEL	6,1	8,8	12,9	16,7	18,4	20,6	21,8	20,7	16,4	11	7,1	5,3	13,9
TOLEDO	6,2	9,5	14	19,3	21	24,4	24,2	24,5	18,1	11,9	7,6	5,6	15,8
VALENCIA	7,6	10,6	14,9	18,1	20,6	22,8	23,8	20,7	16,7	12	8,7	6,6	15,3
VALLADOLID	5,5	8,8	13,9	17,2	19,9	22,6	25,1	23	18,3	11,2	6,9	4,2	14,7
VIZCAYA	5	7,1	10,8	12,7	15,5	16,7	17,9	15,7	13,1	9,3	6	4,6	11,2
ZAMORA	5,4	8,9	13,2	17,3	22,2	21,6	23,5	22	17,2	11,1	6,7	4,6	14,5
ZARAGOZA	6,3	9,8	15,2	18,3	21,8	24,2	25,1	23,4	18,3	12,1	7,4	5,7	15,6

247

Factor de corrección "k" para superficies inclinadas

Factor "k"
LATITUD = 27°

Incli.	ENE	FEB	MAR	ABR	MAY	JUN	JUL	AGO	SEP	OCT	NOV	DIC
0	1	1	1	1	1	1	1	1	1	1	1	1
5	1,05	1,04	1,03	1,01	1	1	1	1,01	1,03	1,05	1,06	1,06
10	1,1	1,08	1,05	1,02	1	0,99	1	1,02	1,06	1,09	1,12	1,11
15	1,14	1,1	1,06	1,02	0,99	0,97	0,99	1,02	1,07	1,13	1,16	1,16
20	1,17	1,13	1,07	1,01	0,97	0,95	0,97	1,01	1,08	1,16	1,21	1,2
25	1,19	1,14	1,07	1	0,94	0,92	0,94	1	1,09	1,18	1,24	1,24
30	1,21	1,15	1,06	0,98	0,91	0,88	0,91	0,95	1,08	1,19	1,26	1,26
35	1,22	1,15	1,05	0,95	0,87	0,84	0,87	0,95	1,07	1,2	1,28	1,28
40	1,22	1,14	1,03	0,91	0,83	0,79	0,83	0,92	1,05	1,19	1,29	1,29
45	1,22	1,12	1,03	0,87	0,78	0,74	0,78	0,88	1,02	1,18	1,29	1,29
50	1,21	1,1	0,97	0,83	0,72	0,68	0,72	0,83	0,99	1,16	1,28	1,28
55	1,19	1,07	0,93	0,78	0,66	0,62	0,66	0,78	0,95	1,13	1,26	1,27
60	1,16	1,04	0,88	0,72	0,6	0,55	0,6	0,72	0,9	1,1	1,24	1,24
65	1,13	1	0,83	0,66	0,53	0,48	0,53	0,66	0,85	1,06	1,2	1,21
70	1,09	0,95	0,78	0,6	0,46	0,41	0,45	0,59	0,75	1,01	1,16	1,17
75	1,04	0,9	0,71	0,53	0,39	0,33	0,38	0,52	0,73	0,95	1,11	1,13
80	0,98	0,84	0,65	0,45	0,31	0,26	0,3	0,45	0,66	0,85	1,06	1,08
85	0,93	0,78	0,58	0,38	0,23	0,18	0,22	0,37	0,58	0,82	1	1,02
90	0,86	0,71	0,51	0,3	0,15	0,1	0,14	0,29	0,51	0,75	0,93	0,95

LATITUD = 28°

Incli.	ENE	FEB	MAR	ABR	MAY	JUN	JUL	AGO	SEP	OCT	NOV	DIC
0	1	1	1	1	1	1	1	1	1	1	1	1
5	1,05	1,04	1,03	1,01	1	1	1	1,02	1,03	1,05	1,06	1,06
10	1,1	1,08	1,05	1,02	1	0,99	1	1,02	1,06	1,1	1,12	1,12
15	1,14	1,11	1,07	1,02	0,99	0,98	0,99	1,03	1,08	1,13	1,17	1,17
20	1,17	1,13	1,08	1,02	0,97	0,95	0,97	1,02	1,09	1,16	1,21	1,21
25	1,2	1,15	1,08	1	0,95	0,93	0,95	1,01	1,09	1,19	1,25	1,24
30	1,22	1,15	1,07	0,98	0,92	0,89	0,92	0,99	1,09	1,2	1,27	1,27
35	1,23	1,16	1,06	0,96	0,88	0,85	0,88	0,96	1,08	1,21	1,29	1,29
40	1,24	1,15	1,04	0,92	0,84	0,8	0,84	0,93	1,06	1,21	1,3	1,3
45	1,23	1,14	1,01	0,89	0,79	0,75	0,79	0,89	1,04	1,2	1,3	1,3
50	1,22	1,12	0,98	0,84	0,73	0,69	0,73	0,84	1	1,18	1,3	1,3
55	1,2	1,09	0,94	0,79	0,68	0,63	0,67	0,79	0,96	1,15	1,28	1,28
60	1,18	1,05	0,9	0,73	0,61	0,57	0,61	0,73	0,92	1,12	1,26	1,26
65	1,14	1,01	0,85	0,67	0,55	0,5	0,54	0,67	0,86	1,08	1,22	1,23
70	1,1	0,97	0,79	0,61	0,48	0,42	0,47	0,6	0,81	1,03	1,18	1,19
75	1,06	0,91	0,73	0,54	0,4	0,35	0,39	0,53	0,74	0,97	1,14	1,15
80	1	0,86	0,66	0,47	0,33	0,27	0,32	0,46	0,67	0,91	1,08	1,1
85	0,94	0,79	0,59	0,39	0,25	0,19	0,24	0,38	0,6	0,84	1,02	1,04
90	0,88	0,72	0,52	0,32	0,17	0,11	0,16	0,31	0,53	0,77	0,95	0,98

LATITUD = 29°

Incli.	ENE	FEB	MAR	ABR	MAY	JUN	JUL	AGO	SEP	OCT	NOV	DIC
0	1	1	1	1	1	1	1	1	1	1	1	1
5	1,05	1,04	1,03	1,02	1	1	1	1,02	1,03	1,05	1,07	1,06
10	1,1	1,08	1,05	1,02	1	0,99	1	1,03	1,06	1,1	1,12	1,12
15	1,15	1,11	1,07	1,03	0,99	0,98	0,99	1,03	1,08	1,14	1,18	1,17
20	1,18	1,14	1,08	1,02	0,98	0,96	0,98	1,03	1,1	1,17	1,22	1,22
25	1,21	1,15	1,08	1,01	0,95	0,93	0,95	1,01	1,1	1,2	1,26	1,25
30	1,23	1,16	1,08	0,99	0,92	0,9	0,92	1	1,1	1,21	1,28	1,28
35	1,24	1,17	1,07	0,97	0,89	0,86	0,89	0,97	1,09	1,22	1,3	1,3
40	1,25	1,16	1,05	0,93	0,85	0,81	0,85	0,94	1,07	1,22	1,32	1,31
45	1,24	1,15	1,02	0,9	0,8	0,76	0,8	0,9	1,05	1,21	1,32	1,32
50	1,23	1,13	0,99	0,85	0,75	0,71	0,74	0,85	1,02	1,19	1,31	1,31
55	1,22	1,1	0,95	0,8	0,69	0,64	0,68	0,8	0,98	1,17	1,3	1,3
60	1,19	1,07	0,91	0,75	0,63	0,58	0,62	0,75	0,93	1,14	1,28	1,28
65	1,16	1,03	0,86	0,69	0,56	0,51	0,55	0,69	0,88	1,1	1,24	1,25
70	1,12	0,98	0,8	0,62	0,49	0,44	0,48	0,62	0,82	1,05	1,2	1,22
75	1,07	0,93	0,74	0,55	0,42	0,36	0,41	0,55	0,76	0,99	1,16	1,17
80	1,02	0,87	0,68	0,48	0,34	0,28	0,33	0,48	0,69	0,93	1,1	1,12
85	0,96	0,81	0,61	0,41	0,26	0,21	0,25	0,4	0,62	0,87	1,04	1,06
90	0,9	0,74	0,54	0,33	0,18	0,13	0,17	0,32	0,54	0,79	0,97	1

LATITUD = 30°

Incli.	ENE	FEB	MAR	ABR	MAY	JUN	JUL	AGO	SEP	OCT	NOV	DIC
0	1	1	1	1	1	1	1	1	1	1	1	1
5	1,06	1,05	1,03	1,02	1,01	1	1,01	1,02	1,04	1,06	1,07	1,07
10	1,11	1,08	1,06	1,03	1	1	1	1,03	1,07	1,1	1,13	1,12
15	1,15	1,12	1,07	1,03	1	0,98	1	1,03	1,09	1,15	1,18	1,18
20	1,19	1,14	1,09	1,03	0,98	0,96	0,98	1,03	1,1	1,18	1,23	1,22
25	1,22	1,16	1,09	1,02	0,96	0,94	0,96	1,02	1,11	1,2	1,27	1,26
30	1,24	1,17	1,09	1	0,93	0,91	0,93	1	1,11	1,2	1,3	1,29
35	1,25	1,17	1,08	0,97	0,9	0,87	0,9	0,98	1,1	1,23	1,32	1,31
40	1,26	1,17	1,06	0,94	0,86	0,82	0,85	0,95	1,08	1,23	1,33	1,33
45	1,26	1,16	1,04	0,91	0,81	0,77	0,81	0,91	1,06	1,22	1,33	1,33
50	1,25	1,14	1	0,86	0,76	0,72	0,75	0,87	1,03	1,21	1,33	1,33
55	1,23	1,12	0,97	0,81	0,7	0,66	0,7	0,82	0,99	1,19	1,32	1,32
60	1,21	1,08	0,92	0,76	0,64	0,59	0,63	0,76	0,95	1,15	1,3	1,3
65	1,18	1,04	0,87	0,7	0,57	0,52	0,57	0,7	0,9	1,11	1,27	1,27
70	1,14	1	0,82	0,64	0,5	0,45	0,5	0,63	0,84	1,07	1,23	1,24
75	1,09	0,95	0,76	0,57	0,43	0,38	0,42	0,56	0,78	1,01	1,18	1,19
80	1,04	0,89	0,69	0,5	0,35	0,3	0,35	0,49	0,71	0,95	1,13	1,14
85	0,98	0,83	0,63	0,42	0,28	0,22	0,27	0,42	0,64	0,89	1,07	1,09
90	0,92	0,76	0,55	0,35	0,2	0,14	0,19	0,34	0,56	0,81	1	1,02

LATITUD = 35°

Incli.	ENE	FEB	MAR	ABR	MAY	JUN	JUL	AGO	SEP	OCT	NOV	DIC
0	1	1	1	1	1	1	1	1	1	1	1	1
5	1,06	1,05	1,04	1,02	1,01	1,01	1,01	1,03	1,04	1,06	1,08	1,07
10	1,12	1,1	1,07	1,04	1,02	1,01	1,02	1,04	1,08	1,12	1,15	1,14
15	1,17	1,14	1,09	1,05	1,02	1	1,02	1,05	1,11	1,17	1,21	1,21
20	1,22	1,17	1,11	1,05	1,01	0,99	1,01	1,06	1,13	1,22	1,27	1,26
25	1,25	1,2	1,12	1,05	0,99	0,97	0,99	1,05	1,15	1,25	1,32	1,31
30	1,28	1,21	1,13	1,04	0,97	0,94	0,97	1,04	1,15	1,28	1,36	1,35
35	1,31	1,22	1,12	1,02	0,94	0,91	0,94	1,02	1,15	1,29	1,39	1,38
40	1,32	1,23	1,11	0,99	0,9	0,87	0,9	1	1,14	1,3	1,41	1,4
45	1,33	1,22	1,09	0,96	0,86	0,82	0,86	0,97	1,13	1,3	1,42	1,41
50	1,32	1,21	1,07	0,92	0,81	0,77	0,81	0,93	1,1	1,3	1,43	1,42
55	1,31	1,19	1,03	0,87	0,76	0,72	0,76	0,88	1,07	1,28	1,42	1,41
60	1,29	1,16	0,99	0,82	0,7	0,66	0,7	0,83	1,03	1,25	1,41	1,4
65	1,27	1,12	0,95	0,77	0,64	0,59	0,64	0,77	0,98	1,22	1,38	1,38
70	1,23	1,08	0,9	0,71	0,57	0,52	0,57	0,71	0,93	1,18	1,35	1,35
75	1,19	1,03	0,84	0,64	0,5	0,45	0,5	0,64	0,87	1,13	1,31	1,31
80	1,14	0,98	0,78	0,57	0,43	0,37	0,42	0,57	0,8	1,07	1,26	1,26
85	1,09	0,92	0,71	0,5	0,34	0,29	0,34	0,5	0,73	1	1,2	1,21
90	1,02	0,85	0,64	0,42	0,27	0,21	0,26	0,42	0,66	0,93	1,13	1,15

LATITUD =36°

Incli.	ENE	FEB	MAR	ABR	MAY	JUN	JUL	AGO	SEP	OCT	NOV	DIC
0	1	1	1	1	1	1	1	1	1	1	1	1
5	1,07	1,05	1,04	1,02	1,01	1,01	1,01	1,03	1,05	1,07	1,08	1,08
10	1,13	1,1	1,07	1,04	1,02	1,01	1,02	1,05	1,08	1,13	1,15	1,15
15	1,18	1,14	1,1	1,05	1,02	1,01	1,02	1,06	1,12	1,18	1,22	1,21
20	1,22	1,18	1,12	1,06	1,01	0,99	1,01	1,06	1,14	1,22	1,28	1,27
25	1,26	1,2	1,13	1,05	1	0,98	1	1,06	1,16	1,26	1,33	1,32
30	1,29	1,22	1,13	1,04	0,98	0,95	0,98	1,05	1,16	1,29	1,37	1,36
35	1,32	1,23	1,13	1,02	0,95	0,92	0,95	1,03	1,16	1,31	1,4	1,39
40	1,33	1,24	1,12	1	0,91	0,88	0,91	1,01	1,16	1,32	1,43	1,41
45	1,34	1,23	1,1	0,97	0,87	0,84	0,87	0,98	1,14	1,32	1,44	1,43
50	1,34	1,22	1,08	0,93	0,82	0,78	0,82	0,94	1,12	1,31	1,45	1,44
55	1,33	1,22	1,05	0,89	0,77	0,73	0,77	0,9	1,08	1,3	1,44	1,43
60	1,31	1,17	1,01	0,84	0,71	0,67	0,71	0,84	1,05	1,27	1,43	1,42
65	1,29	1,14	0,96	0,78	0,65	0,6	0,65	0,79	1	1,24	1,41	1,4
70	1,25	1,1	0,91	0,72	0,59	0,53	0,58	0,73	0,95	1,2	1,37	1,37
75	1,21	1,05	0,85	0,66	0,52	0,46	0,51	0,66	0,89	1,15	1,33	1,33
80	1,16	1	0,79	0,59	0,44	0,39	0,44	0,59	0,82	1,09	1,28	1,29
85	1,11	0,94	0,73	0,52	0,37	0,31	0,36	0,51	0,75	1,03	1,23	1,23
90	1,05	0,87	0,65	0,44	0,29	0,23	0,28	0,44	0,68	0,96	1,16	1,17

LATITUD =37°

Incli.	ENE	FEB	MAR	ABR	MAY	JUN	JUL	AGO	SEP	OCT	NOV	DIC
0	1	1	1	1	1	1	1	1	1	1	1	1
5	1,07	1,06	1,04	1,03	1,01	1,01	1,02	1,03	1,05	1,07	1,08	1,08
10	1,13	1,1	1,08	1,05	1,02	1,01	1,02	1,05	1,09	1,13	1,16	1,15
15	1,18	1,15	1,1	1,06	1,02	1,01	1,02	1,06	1,12	1,19	1,23	1,22
20	1,23	1,18	1,12	1,06	1,02	1	1,02	1,07	1,15	1,23	1,29	1,28
25	1,27	1,21	1,14	1,06	1	0,98	1	1,07	1,16	1,27	1,34	1,33
30	1,3	1,23	1,14	1,05	0,98	0,96	0,98	1,06	1,17	1,3	1,38	1,37
35	1,33	1,24	1,14	1,03	0,96	0,93	0,96	1,04	1,17	1,32	1,42	1,41
40	1,35	1,25	1,13	1,01	0,92	0,89	0,92	1,02	1,17	1,34	1,44	1,43
45	1,35	1,25	1,11	0,98	0,88	0,85	0,88	0,99	1,15	1,34	1,46	1,45
50	1,35	1,24	1,09	0,94	0,84	0,8	0,84	0,95	1,13	1,33	1,47	1,46
55	1,35	1,22	1,06	0,9	0,78	0,74	0,78	0,91	1,1	1,32	1,47	1,45
60	1,33	1,19	1,02	0,85	0,73	0,68	0,73	0,86	1,06	1,32	1,45	1,44
65	1,31	1,16	0,98	0,8	0,67	0,62	0,66	0,8	1,02	1,26	1,43	1,42
70	1,27	1,12	0,93	0,74	0,6	0,55	0,6	0,74	0,97	1,22	1,41	1,4
75	1,23	1,07	0,87	0,67	0,53	0,48	0,53	0,68	0,91	1,17	1,36	1,36
80	1,19	1,02	0,81	0,6	0,46	0,4	0,45	0,6	0,84	1,12	1,31	1,31
85	1,13	0,96	0,74	0,53	0,38	0,32	0,38	0,53	0,77	1,05	1,26	1,26
90	1,07	0,89	0,67	0,46	0,3	0,25	0,3	0,45	0,7	0,98	1,19	1,2

LATITUD =38°

Incli.	ENE	FEB	MAR	ABR	MAY	JUN	JUL	AGO	SEP	OCT	NOV	DIC
0	1	1	1	1	1	1	1	1	1	1	1	1
5	1,07	1,06	1,04	1,03	1,02	1,01	1,02	1,03	1,05	1,07	1,08	1,08
10	1,13	1,11	1,08	1,05	1,02	1,02	1,03	1,05	1,09	1,14	1,16	1,16
15	1,19	1,15	1,11	1,06	1,03	1,01	1,03	1,07	1,13	1,19	1,23	1,22
20	1,24	1,19	1,13	1,07	1,02	1,01	1,02	1,07	1,15	1,24	1,3	1,29
25	1,28	1,22	1,14	1,07	1,01	0,99	1,01	1,08	1,17	1,28	1,35	1,34
30	1,31	1,24	1,15	1,06	0,99	0,97	0,99	1,07	1,18	1,31	1,4	1,38
35	1,34	1,25	1,15	1,04	0,96	0,94	0,97	1,05	1,19	1,34	1,43	1,42
40	1,36	1,26	1,14	1,02	0,93	0,9	0,93	1,03	1,18	1,35	1,46	1,45
45	1,37	1,26	1,13	0,99	0,89	0,86	0,89	1	1,17	1,36	1,48	1,47
50	1,37	1,25	1,1	0,96	0,85	0,81	0,85	0,97	1,15	1,35	1,49	1,48
55	1,36	1,23	1,07	0,91	0,8	0,75	0,8	0,92	1,12	1,34	1,49	1,48
60	1,35	1,21	1,04	0,86	0,74	0,69	0,74	0,87	1,08	1,32	1,48	1,47
65	1,33	1,18	0,99	0,81	0,68	0,63	0,68	0,82	1,04	1,29	1,46	1,45
70	1,29	1,14	0,94	0,75	0,61	0,56	0,61	0,76	0,98	1,25	1,43	1,42
75	1,25	1,09	0,89	0,69	0,54	0,49	0,54	0,69	0,93	1,2	1,39	1,39
80	1,21	1,04	0,83	0,62	0,47	0,42	0,47	0,62	0,86	1,14	1,34	1,34
85	1,15	0,98	0,76	0,55	0,4	0,34	0,39	0,55	0,79	1,08	1,29	1,29
90	1,09	0,91	0,69	0,47	0,32	0,26	0,31	0,47	0,72	1,01	1,22	1,23

LATITUD =39º

Incli.	ENE	FEB	MAR	ABR	MAY	JUN	JUL	AGO	SEP	OCT	NOV	DIC
0	1	1	1	1	1	1	1	1	1	1	1	1
5	1,07	1,06	1,04	1,03	1,02	1,01	1,02	1,03	1,05	1,07	1,09	1,08
10	1,14	1,11	1,08	1,05	1,03	1,02	1,03	1,06	1,1	1,14	1,17	1,16
15	1,19	1,16	1,11	1,07	1,03	1,02	1,03	1,07	1,13	1,2	1,24	1,23
20	1,25	1,2	1,14	1,07	1,03	1,01	1,03	1,08	1,16	1,25	1,31	1,29
25	1,29	1,23	1,15	1,07	1,02	1	1,02	1,08	1,18	1,29	1,36	1,35
30	1,33	1,25	1,16	1,07	1	0,97	1	1,08	1,19	1,33	1,41	1,4
35	1,35	1,27	1,16	1,05	0,97	0,94	0,98	1,06	1,2	1,35	1,45	1,43
40	1,37	1,27	1,15	1,03	0,94	0,91	0,94	1,04	1,19	1,37	1,48	1,46
45	1,38	1,27	1,14	1	0,9	0,87	0,9	1,01	1,18	1,37	1,5	1,48
50	1,39	1,26	1,12	0,97	0,86	0,82	0,86	0,98	1,16	1,37	1,51	1,5
55	1,38	1,25	1,09	0,93	0,81	0,77	0,81	0,94	1,13	1,36	1,51	1,5
60	1,37	1,22	1,05	0,88	0,75	0,71	0,75	0,89	1,1	1,36	1,51	1,49
65	1,35	1,19	1,01	0,83	0,69	0,65	0,65	0,83	1,05	1,31	1,49	1,47
70	1,32	1,15	0,96	0,77	0,63	0,58	0,63	0,77	1	1,27	1,46	1,45
75	1,28	1,11	0,91	0,7	0,56	0,51	0,56	0,71	0,95	1,23	1,42	1,41
80	1,23	1,06	0,84	0,64	0,49	0,43	0,48	0,64	0,88	1,17	1,37	1,37
85	1,18	1	0,78	0,56	0,41	0,35	0,41	0,56	0,81	1,11	1,32	1,32
90	1,12	0,93	0,71	0,49	0,33	0,28	0,33	0,49	0,74	1,04	1,25	1,26

LATITUD =40º

Incli.	ENE	FEB	MAR	ABR	MAY	JUN	JUL	AGO	SEP	OCT	NOV	DIC
0	1	1	1	1	1	1	1	1	1	1	1	1
5	1,07	1,06	1,05	1,03	1,02	1,01	1,02	1,03	1,05	1,08	1,09	1,09
10	1,14	1,11	1,08	1,05	1,03	1,02	1,03	1,06	1,1	1,14	1,17	1,16
15	1,2	1,16	1,12	1,07	1,03	1,02	1,04	1,08	1,14	1,21	1,25	1,24
20	1,25	1,2	1,14	1,08	1,03	1,02	1,03	1,09	1,17	1,26	1,32	1,3
25	1,3	1,23	1,16	1,08	1,02	1	1,02	1,09	1,19	1,3	1,38	1,36
30	1,34	1,26	1,17	1,07	1,01	0,98	1,01	1,09	1,2	1,34	1,43	1,41
35	1,37	1,28	1,17	1,06	0,98	0,95	0,98	1,07	1,21	1,37	1,47	1,45
40	1,39	1,29	1,16	1,04	0,95	0,92	0,95	1,05	1,21	1,39	1,5	1,48
45	1,4	1,29	1,15	1,01	0,91	0,88	0,92	1,03	1,2	1,39	1,52	1,5
50	1,41	1,28	1,13	0,98	0,87	0,83	0,87	0,99	1,18	1,39	1,54	1,52
55	1,4	1,27	1,1	0,94	0,82	0,78	0,82	0,95	1,15	1,38	1,54	1,52
60	1,39	1,24	1,07	0,89	0,77	0,72	0,77	0,9	1,12	1,36	1,53	1,51
65	1,37	1,21	1,03	0,84	0,71	0,66	0,71	0,85	1,07	1,34	1,51	1,5
70	1,34	1,17	0,98	0,78	0,64	0,59	0,64	0,79	1,02	1,3	1,49	1,47
75	1,3	1,13	0,92	0,72	0,57	0,52	0,57	0,73	0,97	1,25	1,45	1,44
80	1,25	1,08	0,86	0,65	0,5	0,45	0,5	0,66	0,9	1,2	1,41	1,4
85	1,2	1,02	0,8	0,58	0,43	0,37	0,42	0,58	0,84	1,14	1,35	1,35
90	1,14	0,95	0,73	0,5	0,35	0,29	0,34	0,5	0,76	1,07	1,29	1,29

LATITUD =41º

Incli.	ENE	FEB	MAR	ABR	MAY	JUN	JUL	AGO	SEP	OCT	NOV	DIC
0	1	1	1	1	1	1	1	1	1	1	1	1
5	1,07	1,06	1,05	1,03	1,02	1,02	1,02	1,03	1,05	1,08	1,09	1,09
10	1,14	1,12	1,09	1,06	1,03	1,02	1,03	1,06	1,1	1,15	1,18	1,17
15	1,21	1,17	1,12	1,07	1,04	1,03	1,04	1,08	1,14	1,21	1,26	1,24
20	1,26	1,21	1,15	1,08	1,04	1,02	1,04	1,09	1,17	1,27	1,33	1,31
25	1,31	1,24	1,17	1,09	1,03	1,01	1,03	1,1	1,2	1,32	1,39	1,37
30	1,35	1,27	1,18	1,08	1,01	0,99	1,02	1,09	1,21	1,35	1,44	1,42
35	1,38	1,29	1,18	1,07	0,99	0,96	0,99	1,08	1,22	1,38	1,49	1,47
40	1,4	1,3	1,18	1,05	0,96	0,93	0,96	1,06	1,22	1,4	1,52	1,5
45	1,42	1,3	1,16	1,03	0,93	0,89	0,93	1,04	1,21	1,41	1,55	1,52
50	1,42	1,3	1,14	0,99	0,88	0,84	0,88	1,01	1,19	1,41	1,56	1,54
55	1,42	1,28	1,12	0,95	0,83	0,79	0,84	0,97	1,17	1,41	1,57	1,54
60	1,41	1,26	1,08	0,91	0,78	0,73	0,78	0,92	1,14	1,39	1,56	1,54
65	1,39	1,23	1,04	0,85	0,72	0,67	0,72	0,87	1,09	1,36	1,54	1,53
70	1,36	1,19	0,99	0,8	0,66	0,61	0,66	0,81	1,04	1,32	1,52	1,5
75	1,32	1,15	0,94	0,73	0,59	0,54	0,59	0,74	0,99	1,28	1,48	1,47
80	1,26	1,1	0,88	0,67	0,52	0,46	0,52	0,67	0,93	1,23	1,44	1,43
85	1,23	1,04	0,82	0,6	0,44	0,39	0,44	0,6	0,86	1,16	1,38	1,38
90	1,17	0,98	0,74	0,52	0,36	0,31	0,36	0,52	0,78	1,09	1,32	1,32

LATITUD =42°

Incli.	ENE	FEB	MAR	ABR	MAY	JUN	JUL	AGO	SEP	OCT	NOV	DIC
0	1	1	1	1	1	1	1	1	1	1	1	1
5	1,06	1,06	1,05	1,03	1,02	1,02	1,02	1,04	1,06	1,08	1,09	1,09
10	1,15	1,12	1,09	1,06	1,04	1,03	1,04	1,06	1,11	1,15	1,18	1,17
15	1,21	1,17	1,13	1,08	1,04	1,03	1,04	1,09	1,15	1,22	1,26	1,25
20	1,27	1,21	1,15	1,09	1,04	1,03	1,05	1,1	1,18	1,28	1,34	1,32
25	1,32	1,25	1,17	1,09	1,04	1,01	1,04	1,1	1,21	1,33	1,4	1,38
30	1,36	1,28	1,19	1,09	1,02	1	1,02	1,1	1,23	1,37	1,46	1,44
35	1,39	1,3	1,19	1,08	1	0,97	1	1,09	1,23	1,4	1,51	1,48
40	1,42	1,31	1,19	1,06	0,97	0,94	0,97	1,08	1,24	1,42	1,54	1,52
45	1,43	1,32	1,18	1,04	0,94	0,9	0,94	1,05	1,23	1,43	1,57	1,54
50	1,44	1,31	1,16	1	0,89	0,86	0,9	1,02	1,21	1,44	1,59	1,56
55	1,44	1,3	1,13	0,97	0,85	0,8	0,85	0,98	1,19	1,43	1,59	1,57
60	1,43	1,28	1,1	0,92	0,79	0,75	0,8	0,93	1,15	1,41	1,59	1,57
65	1,41	1,25	1,06	0,87	0,74	0,69	0,74	0,88	1,11	1,39	1,57	1,55
70	1,38	1,21	1,01	0,81	0,67	0,62	0,67	0,82	1,07	1,35	1,55	1,53
75	1,35	1,17	0,96	0,75	0,6	0,55	0,6	0,76	1,01	1,31	1,52	1,5
80	1,3	1,12	0,9	0,68	0,53	0,48	0,53	0,69	0,95	1,25	1,47	1,46
85	1,25	1,06	0,83	0,61	0,46	0,4	0,46	0,62	0,88	1,19	1,42	1,41
90	1,19	1	0,76	0,54	0,38	0,32	0,38	0,54	0,81	1,12	1,36	1,35

LATITUD =43°

Incli.	ENE	FEB	MAR	ABR	MAY	JUN	JUL	AGO	SEP	OCT	NOV	DIC
												1
0	1	1	1	1	1	1	1	1	1	1	1	1
5	1,06	1,07	1,05	1,03	1,02	1,02	1,02	1,04	1,06	1,08	1,1	1,09
10	1,15	1,12	1,09	1,06	1,04	1,03	1,04	1,07	1,11	1,16	1,19	1,18
15	1,22	1,18	1,13	1,08	1,05	1,03	1,05	1,09	1,15	1,23	1,27	1,26
20	1,28	1,22	1,16	1,09	1,05	1,03	1,05	1,1	1,19	1,29	1,35	1,33
25	1,33	1,26	1,18	1,1	1,04	1,02	1,04	1,11	1,22	1,34	1,42	1,4
30	1,37	1,29	1,2	1,1	1,03	1	1,03	1,11	1,24	1,38	1,48	1,45
35	1,41	1,31	1,2	1,09	1,01	0,98	1,01	1,1	1,25	1,42	1,52	1,5
40	1,43	1,33	1,2	1,07	0,98	0,95	0,98	1,09	1,25	1,44	1,56	1,54
45	1,45	1,33	1,19	1,05	0,95	0,91	0,95	1,06	1,24	1,45	1,59	1,57
50	1,46	1,33	1,17	1,02	0,91	0,87	0,91	1,03	1,23	1,46	1,61	1,58
55	1,46	1,32	1,15	0,98	0,86	0,82	0,86	1	1,21	1,45	1,62	1,59
60	1,45	1,3	1,12	0,94	0,81	0,76	0,81	0,95	1,17	1,44	1,62	1,59
65	1,43	1,27	1,08	0,89	0,75	0,7	0,75	0,9	1,13	1,41	1,61	1,58
70	1,41	1,23	1,03	0,83	0,69	0,64	0,69	0,84	1,09	1,38	1,58	1,56
75	1,37	1,19	0,98	0,77	0,62	0,57	0,62	0,78	1,03	1,34	1,55	1,53
80	1,33	1,14	0,92	0,7	0,55	0,49	0,55	0,71	0,97	1,28	1,51	1,49
85	1,28	1,08	0,85	0,63	0,47	0,42	0,47	0,64	0,9	1,22	1,45	1,44
90	1,22	1,02	0,78	0,56	0,4	0,34	0,39	0,56	0,83	1,16	1,39	1,38

SIMBOLOGÍA FOTOVOLTAICA

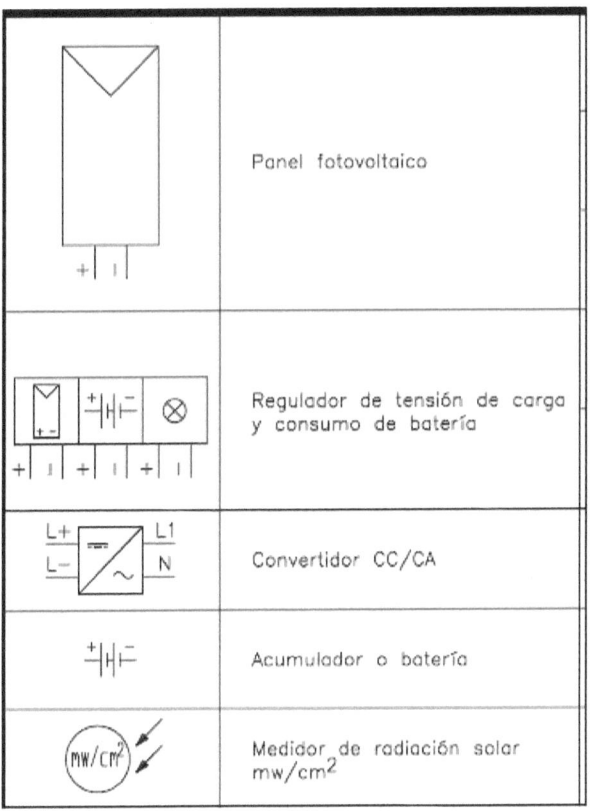

	Panel fotovoltaico
	Regulador de tensión de carga y consumo de batería
	Convertidor CC/CA
	Acumulador o batería
	Medidor de radiación solar mw/cm^2

SIGLAS TÉCNICAS Y MAGNITUDES

A	Amperio	kWh	Kilovatio hora
CA	Corriente alterna	kWh/m²	Kilovatio hora por metro
Ah	Amperio-hora		cuadrado
B/N	Blanco y negro	LPG	Gas de petróleo líquido
Btu	Unidad térmica Británica	lts	Litros
	(1 Btu = 1055.06 J)	M	Mega (10⁶)
BUN-CA	Biomass Users Network	m²	Metro cuadrado
	Centroamérica	m³	Metros cúbicos
CO	Monóxido de carbono	mm	Milimetros
CO₂	Dióxido de carbono	m/s	Metros por segundo
CD	Corriente directa	MW	Mega vatios
EPDM	Ethylene Propoylene Diene	°C	Grados Centigrados
	Monomer	ONG	Organización No
G	Giga (10⁹)		Gubernamental
GEF/FMAM	Fondo para el Medio	Psig	Libras de presión por
	Ambiente Mundial		pulgada cuadrada
Gls	Galones	PNUD	Programa de las Naciones
GTZ	Cooperación alemana para		Unidas para el Desarrollo
	el desarrollo	PV	Fotovoltaico (por sus siglas
Gw	Giga vatio (10⁹ vatios)		en inglés)
GWh	Giga vatios hora	PVC	Cloruro de polivinilo
HC$_S$	Hidrocarburos	T	Tera (10¹²)
HR	Humedad relativa	TCe	Toneladas de carbón
Hz	Hertz		equivalente
J	Joule (0,239 caloría ó 9,48	TM	Tonelada métrica
	x 10⁴, unidades térmicas	US$	Dólares USA
	británicas, Btu)	UV	Ultravioleta
J/s	Joules por segundo	V	Voltios (el monto de
K	Kilo (10³)		"presión"de electricidad)
Km/s	Kilómetros por segundo	W	Vatios (la medida de energía
kW	(1000 vatios) -unidad de		eléctrica, Voltios x amperios
	potencia-		= vatios)
kW/m²	Kilovatios por metro	Wp	Vatios pico
	cuadrado	W/m²	Vatios por metro cuadrado

TABLA PERIÓDICA

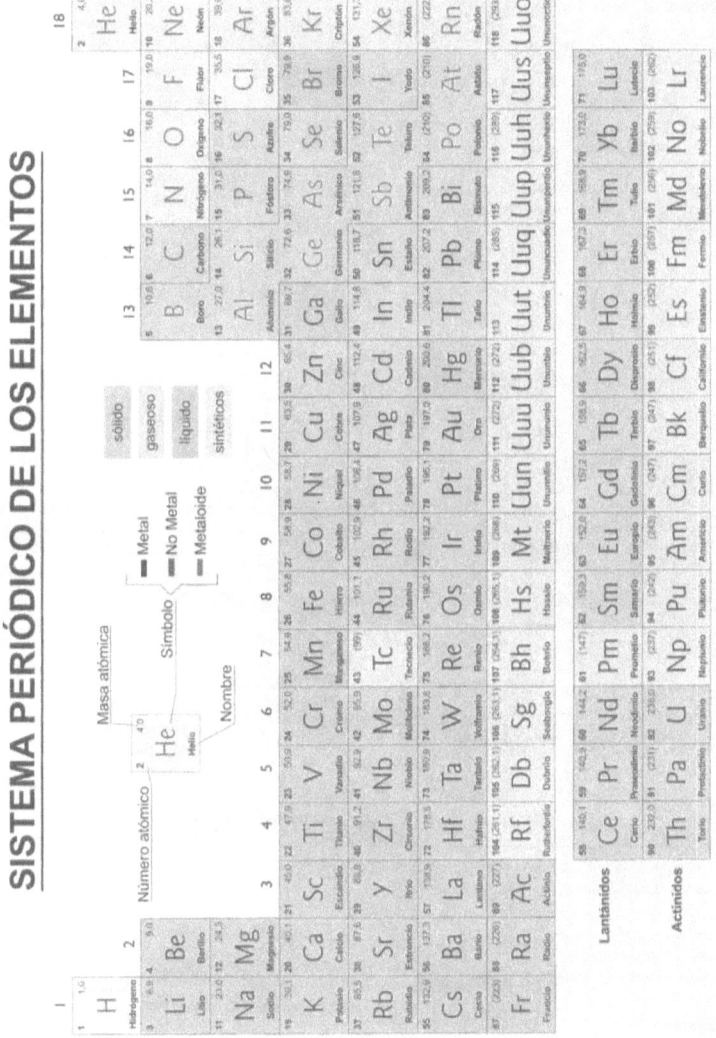

Central fotovoltaica

Estas centrales son instalaciones donde por medio de paneles fotovoltaicos se transforma la radiación solar en electricidad que luego es inyectada a la red.

Esquema básico del funcionamiento de una central solar

1- Al recibir la radiación, los paneles generan una corriente eléctrica contínua.

2- Esta corriente pasa a un inversor donde se tranforma en corriente eléctrica alterna.

3- En el centro de transformación se eleva la tensión y se inyecta en la red de distribución.

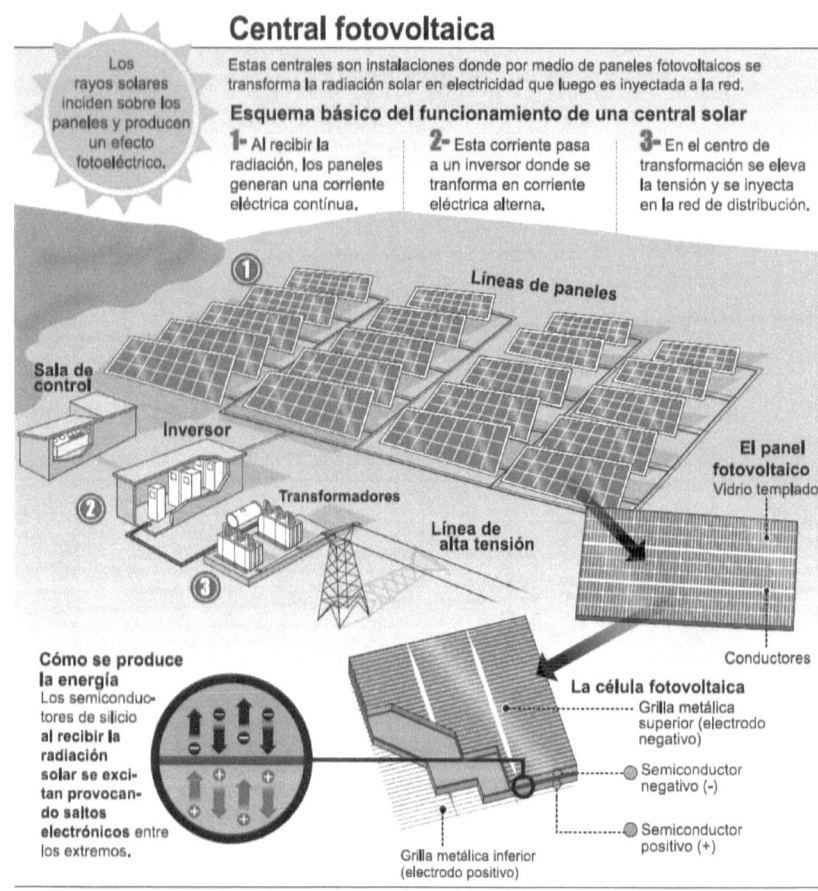

Los rayos solares inciden sobre los paneles y producen un efecto fotoeléctrico.

① Líneas de paneles

Sala de control

Inversor

② Transformadores

③ Línea de alta tensión

El panel fotovoltaico
Vidrio templado

Conductores

Cómo se produce la energía

Los semiconductores de silicio **al recibir la radiación solar se exci-**tan provocan**do saltos electrónicos** entre los extremos.

La célula fotovoltaica

Grilla metálica superior (electrodo negativo)

Semiconductor negativo (-)

Semiconductor positivo (+)

Grilla metálica inferior (electrodo positivo)

Fuente: www.unesa.es y www.consumer, es

Darío / DIARIO DE CUYO

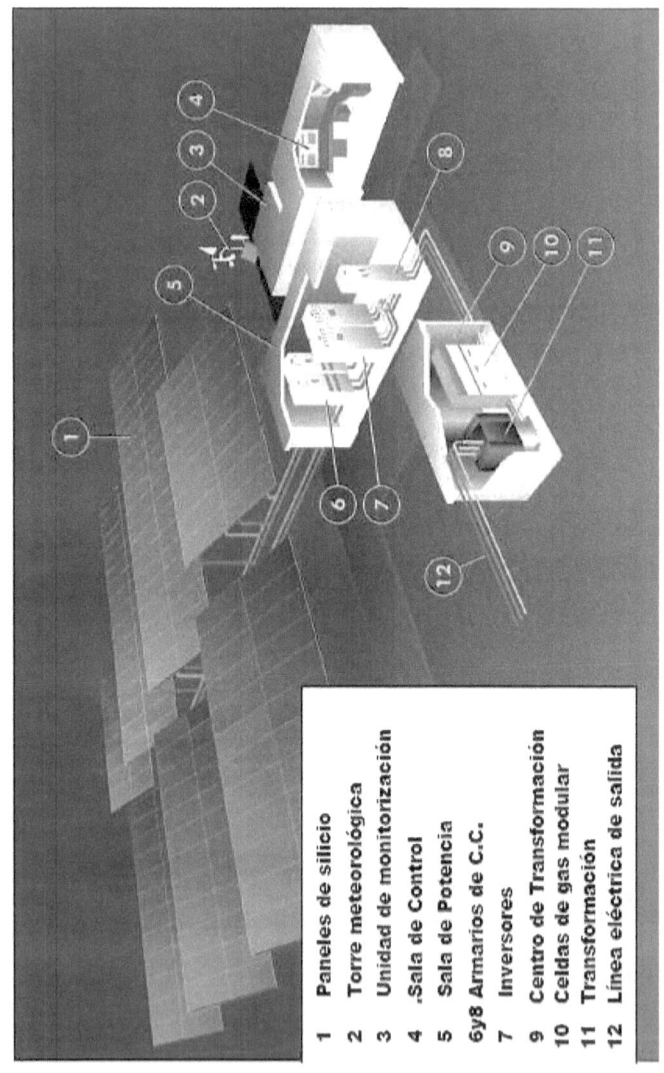

1 Paneles de silicio
2 Torre meteorológica
3 Unidad de monitorización
4 .Sala de Control
5 Sala de Potencia
6y8 Armarios de C.C.
7 Inversores
9 Centro de Transformación
10 Celdas de gas modular
11 Transformación
12 Línea eléctrica de salida

258

Manual de
ENERGÍA SOLAR FOTOVOLTAICA
Usos, aplicaciones y diseño

Miguel D'Addario

Comunidad europea

2015